桜井式 最速メソッド満載!!

1日5分!

オトナのための やりなおし 算数ドリル

サイエンスナビゲータ
桜井 進

宝島社

はじめに

つぎはぎだらけだった算数 今こそ学びなおすチャンス

真新しい算数の教科書にわくわくした小学校１年生。あれから数十年が経ち、社会人となり、子どももできて親になった。仕事の中で日々求められる計算力、小学生の自分の子どもからの算数の質問。「算数の実力がもっとあれば」、とオトナになって実感しても不思議ではありません。そう、オトナになった今だからこそ、小学校の算数を学びなおすことができます。小学生のときには、学年があがるにつれてテストのための算数の感が強くなっていきました。たとえわからないところがあったとしてもわかるまで学ぶことが難しい状況もありました。結局、そのままオトナになってしまう例は珍しいことではありません。オトナになればすべての状況が変化しています。まず、強いやる気があります。好きなところを、好きな方法で、好きなだけ学ぶこともできます。それがオトナです。本書は小学校１年生から６年生までの算数の内容をぎゅっと１冊に凝縮しました。学ぶ上で大切なことは達成感が実感できることです。少なすぎず多すぎない分量、そして、簡単すぎず難しすぎない問題のレベルにこだわってまとめ上げました。達成感を味わいながら最後まで学ぶことができるはずです。今こそ算数を自由に学ぶよろこびを！

サイエンスナビゲーター®　桜井 進

本書の特徴

本書には4つのすぐれた特徴があります。

①1日5分無理なく続けることができる!

小学校の算数の内容が1年生から6年生まで1冊にまとめてあります。1冊で完結しているので気楽な気持ちで続けることができます。単元の要点もポイントを絞り込みました。重要なことがら・公式・計算方法は読むだけでも学習効果があります。1日1テーマを5分だけ!

②厳選された問題で確実にステップアップ!

例題・基本問題・応用問題とあるので自分の到達レベルに応じて問題を解いて実力アップができます。基本問題は例題の解法をまねれば解けるようになっています。まずは基本問題だけを解いて最後まで進み、次にはじめから応用問題を解いてみるという進め方もできます。

③オトナのための桜井メソッドが満載!

算数はオトナにとっても強力なツールとなります。本書には教科書にはないオトナのための情報がちりばめられています。それが桜井メソッド。過去の算数を学ぶと同時にこれからも役に立つ算数を学ぶことができます。オトナのための算数を楽しみながら学びましょう。

④オトナのための算数が子どもにも好影響!

自分は算数ができなかったから、わが子には算数が得意になってもらいたい。その気持ちが強すぎると子どもにとっては逆効果になることも。親自身が算数に興味を持つこと自体が、子どもにも算数に興味を持ってもらうことにつながります。親子での算数の学習にも本書が役に立ちます。

CONTENTS

第3章 図形

3-1 平面図形

3-2 立体図形

第4章 数量関係

4-1 割合

4-2 比

4-3 比例と反比例

4-4 場合の数

第1章
数と計算

1-1
整数の計算

①たし算・ひき算

算数事始め　数と数字

お金を通して数の考え方・計算を理解します。私たちは、3029（さんぜんにじゅうきゅう）と聞けば3029円という金額を、3029（さんぜろにいきゅう）と聞けば電話番号やカーナンバーなどの番号が思い浮かぶように数や数字に対する具体的イメージを持っています。

数の表し方

3029円は千円札が3枚、百円玉が0枚、十円玉が2枚、一円玉が9枚を表します。これが十進法という数の表し方です。十進数は10個の数字を用いて表されます。一の位、十の位、百の位、千の位、それぞれの位には0から9までの10個の数字のどれかが入ります。一円玉10枚が十円玉1枚、十円玉10枚が百円玉1枚、百円玉10枚が千円札1枚に等しいことが「位が上がる」ことを意味します。
数を表現するために必要なのが数字です。現在、世界中で使われているのはアラビア数字です。漢数字、ローマ数字など世界中でこれまでにたくさんの数字が発明されてきました。漢数字やローマ数字を用いた筆算は計算しにくいです。アラビア数字の特徴は計算のしやすさにあります。アラビア数字がアラビア算用数字と呼ばれるのはそのためです。

十進法という数の表し方

千の位	百の位	十の位	一の位

各位には10個の数字0、1、2、3、4、5、6、7、8、9のどれかが入るが、一番左の位には0は入らない。

くり上がりとくり下がり

十進法の特徴は1が10個集まると位が1つ上がることです。これがくり上がりです。これもお金の計算におきかえるとわかりやすくなります。一円玉と十円玉の両替をイメージしましょう。

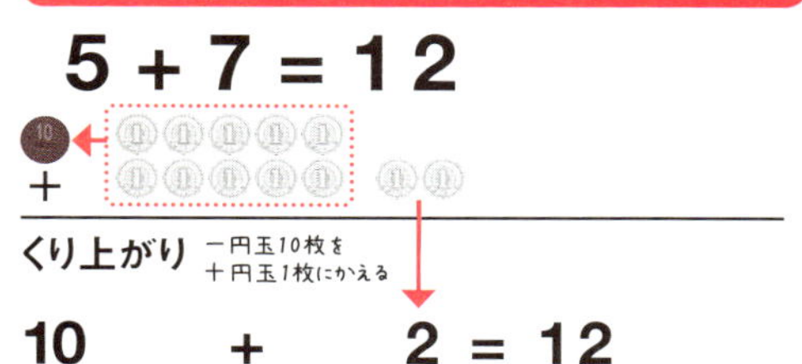

たし算は一の位どうし、十の位どうしというように同じ位どうしのたし算が基本です。5 + 7を一円玉5枚と7枚のたし算におきかえてみると一円玉が10枚になるのでこれを十円玉1枚に両替します。つまり、十円玉1枚と一円玉2枚の12円となります。

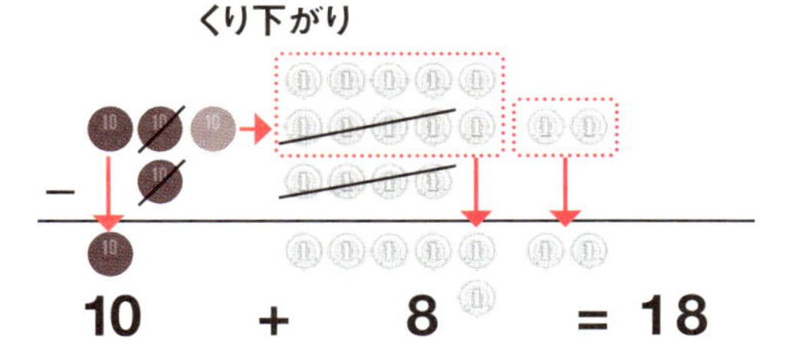

ひき算は一の位どうし、十の位どうしというように同じ位どうしのひき算が基本です。56 − 31であれば、十の位は5 − 3 = 2、一の位は6 − 1 = 5で答えは25となります。ところが、32 − 14のようなひき算では、一の位は2から4がひけません。そこで、十の位の1を一の位の10にくり下げます。お金では、十円玉1枚を一円玉10枚に両替します。一の位は12から4をひいて8。十の位は3を1つ減らした2から1をひいて1。つまり、十円玉1枚と一円玉8枚の18円となります。

たし算とひき算の筆算

たし算の筆算 578+456を計算しましょう。

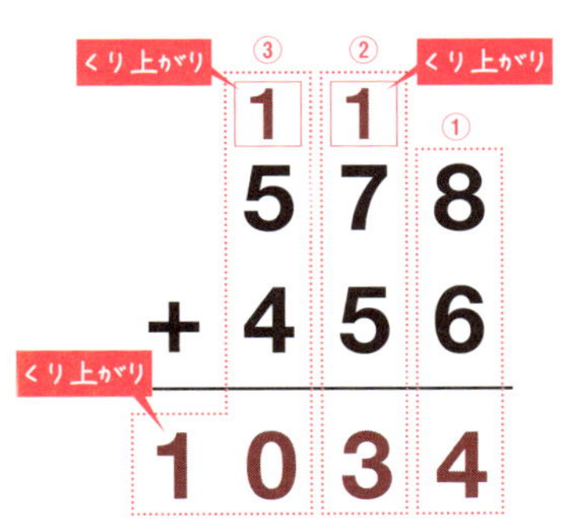

筆算の手順

①8と6をたして14。下に4を、くり上がり1を7の上に書く。
②くり上がりの1と、7と5をたして13、下に3を、くり上がりの1を5の上に書く。
③くり上がりの1と、5と4をたして10、下に0、くり上がりの1は0の左に書く。

答 1034

ひき算の筆算 803-674を計算しましょう。

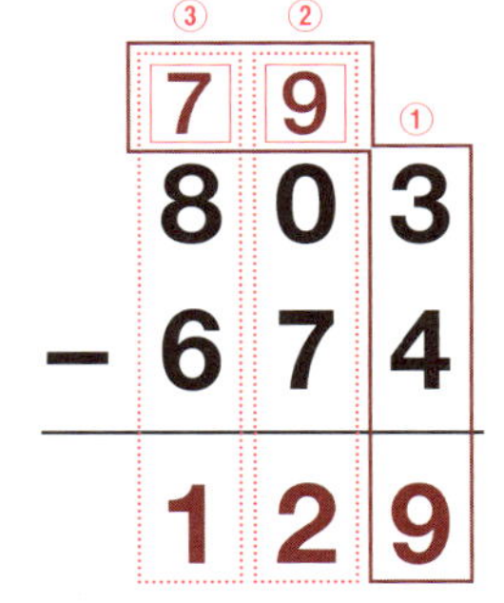

筆算の手順

①3から4がひけない。十の位から1くり下げて13から4をひきたいが十の位が0なのでできない。そこで百の位の8からくり下げる。80から1くり下げて79とします。13から4をひいて9を下に書く。
②0のかわりに9から7をひいて2。
③8のかわりに7から6をひいて1。

答 129

①たし算・ひき算

日付　月　日(　)

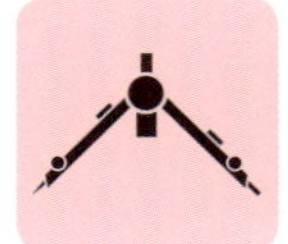

復習ドリル

タイム　分　秒

合計　/100点

基本問題 計算してみましょう。（目標3分/各10点）

1

$$\begin{array}{r} 34 \\ +\ 52 \\ \hline \end{array}$$

2

$$\begin{array}{r} 324 \\ +\ 102 \\ \hline \end{array}$$

3

$$\begin{array}{r} 912 \\ +\ 287 \\ \hline \end{array}$$

4

$$\begin{array}{r} 87 \\ -\ 62 \\ \hline \end{array}$$

5

$$\begin{array}{r} 81 \\ -\ 35 \\ \hline \end{array}$$

6

$$\begin{array}{r} 739 \\ -\ 625 \\ \hline \end{array}$$

応用問題 計算してみましょう。（目標2分/各10点）

1

$$\begin{array}{r} 914 \\ +\ 287 \\ \hline \end{array}$$

2

$$\begin{array}{r} 3673 \\ +\ 9028 \\ \hline \end{array}$$

3

$$\begin{array}{r} 835 \\ -\ 636 \\ \hline \end{array}$$

4

$$\begin{array}{r} 8197 \\ -\ 6259 \\ \hline \end{array}$$

解　答

基本問題

1

$$\begin{array}{r} 34 \\ +\ 52 \\ \hline 86 \end{array}$$

2

$$\begin{array}{r} 324 \\ +\ 102 \\ \hline 426 \end{array}$$

3

$$\begin{array}{r} 912 \\ +\ 287 \\ \hline 1199 \end{array}$$

4

$$\begin{array}{r} 87 \\ -\ 62 \\ \hline 25 \end{array}$$

5

$$\begin{array}{r} 81 \\ -\ 35 \\ \hline 46 \end{array}$$

6

$$\begin{array}{r} 739 \\ -\ 625 \\ \hline 114 \end{array}$$

応用問題

1

$$\begin{array}{r} 914 \\ +\ 287 \\ \hline 1201 \end{array}$$

2

$$\begin{array}{r} 3673 \\ +\ 9028 \\ \hline 12701 \end{array}$$

3

$$\begin{array}{r} 835 \\ -\ 636 \\ \hline 199 \end{array}$$

4

$$\begin{array}{r} 8197 \\ -\ 6259 \\ \hline 1938 \end{array}$$

第1章
数と計算

1-1
整数の計算

②かけ算・わり算

九九を面積図で考えよう

かけ算とわり算を面積図で理解します。
わり算は「わられる数」「わる数」「商」「余り」をしっかり覚えます。

かけ算とわり算の関係

面積図

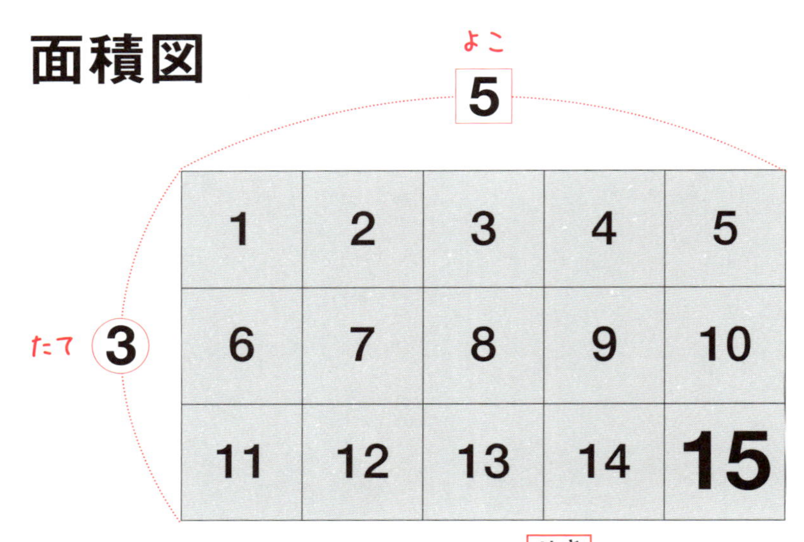

たてとよこの積(せき)＝面積

かけ算の答え

かけ算

3	3	3	3	3

5
5
5

たて　よこ　　　よこ　たて

$3 \times 5 = 5 \times 3$

わり算

面積　よこ　たて

$15 \div 5 = 3$

面積　たて　よこ

$15 \div 3 = 5$

かけ算とわり算の筆算

かけ算の筆算 46×97を計算しましょう。

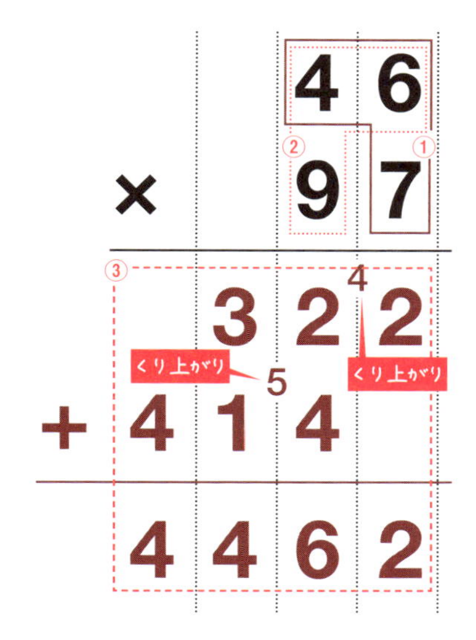

筆算の手順

①46×7の計算
7×6=42の2を下に書き、4を2の左上に小さく書く。
7×4=28を計算し、
28+4=32を下に書く。

②46×9の計算
9×6=54の4を下に書き、5を4の左上に小さく書く。
9×4=36を計算し、
36+5=41を下に書く。

③①と②の結果をたす。

答 4462

わり算の筆算 254÷12を計算しましょう。

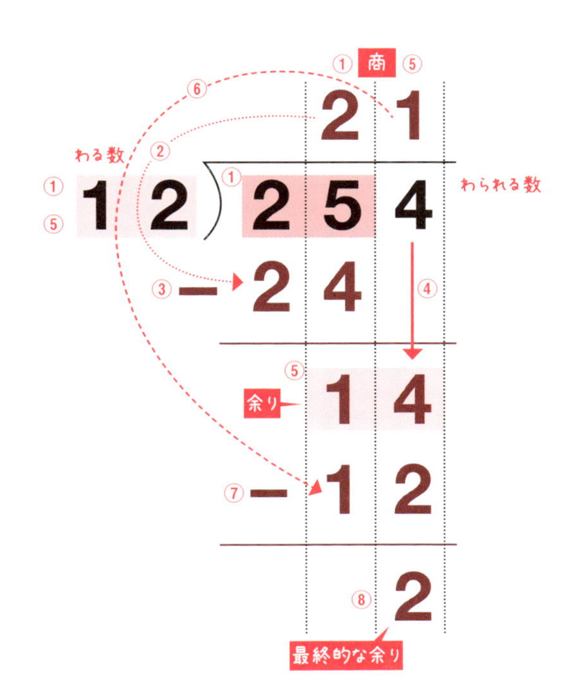

筆算の手順

①25をわる数12でわった商2を5の上に書く。
②わる数12に①の商2をかけた積24を25の下に書く。
③25から24をひいた差1（余り）を4の下に書く。余り1がわる数12よりも小さいことを確認しておく。
④一の位の4を下におろす。
⑤14をわる数12でわった商1をわられる数の一の位の4の上に書く。
⑥わる数12に⑤の商1をかけた積12を14の下に書く。
⑦14から12をひいた差2（余り）を2の下に書く。
⑧⑦の余り2がわる数12より小さいので2が最終的な余りとなる。

答 21余り2

日付　　月　　日(　)

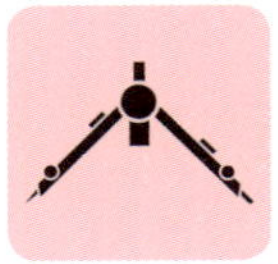

復習ドリル

タイム　　分　　秒

合計　　/100点

基本問題　計算してみましょう。（目標3分/各10点）

1

$$\begin{array}{r} 34 \\ \times\ \ 2 \\ \hline \end{array}$$

2

$$\begin{array}{r} 29 \\ \times\ 57 \\ \hline \end{array}$$

3

$$\begin{array}{r} 123 \\ \times\ \ \ 3 \\ \hline \end{array}$$

4

$$5\,\overline{)\,67}$$

5

$$12\,\overline{)\,85}$$

6

$$12\,\overline{)\,852}$$

応用問題 計算してみましょう。（目標2分/各10点）

1

$$\begin{array}{r} 305 \\ \times \quad 42 \\ \hline \end{array}$$

2

$$\begin{array}{r} 670 \\ \times \quad 40 \\ \hline \end{array}$$

3

$$7 \,\overline{)\,902}$$

4

$$23 \,\overline{)\,359}$$

解　答

基本問題

1

$$\begin{array}{r} 34 \\ \times \quad 2 \\ \hline 68 \end{array}$$

2

$$\begin{array}{r} 29 \\ \times \quad 57 \\ \hline 203 \\ 145 \\ \hline 1653 \end{array}$$

3

$$\begin{array}{r} 123 \\ \times \quad 3 \\ \hline 369 \end{array}$$

4

$$\begin{array}{r} 13 \\ 5\,\overline{)\,67} \\ 5 \\ \hline 17 \\ 15 \\ \hline 2 \end{array}$$

5

$$\begin{array}{r} 7 \\ 12\,\overline{)\,85} \\ 84 \\ \hline 1 \end{array}$$

6

$$\begin{array}{r} 71 \\ 12\,\overline{)\,852} \\ 84 \\ \hline 12 \\ 12 \\ \hline 0 \end{array}$$

応用問題

1

$$\begin{array}{r} 305 \\ \times \quad 42 \\ \hline 610 \\ 1220 \\ \hline 12810 \end{array}$$

2

$$\begin{array}{r} 670 \\ \times \quad 40 \\ \hline 26800 \end{array}$$

0を省いて計算し、積の右に省いた0の数だけ0をつける

3

$$\begin{array}{r} 128 \\ 7\,\overline{)\,902} \\ 7 \\ \hline 20 \\ 14 \\ \hline 62 \\ 56 \\ \hline 6 \end{array}$$

4

$$\begin{array}{r} 15 \\ 23\,\overline{)\,359} \\ 23 \\ \hline 129 \\ 115 \\ \hline 14 \end{array}$$

第1章 数と計算

1-1 整数の計算

③9でわるわり算は急にできる!

9でわるわり算はたし算だけで商と余りがわかる

教科書には載っていない面白い計算方法を紹介します。わり算の筆算でわかるように商と余りを求めるにはかけ算とひき算が必要です。ところが9でわるわり算はたし算だけで商と余りがわかってしまう計算方法があります。

2桁の数を9でわる場合

52÷9

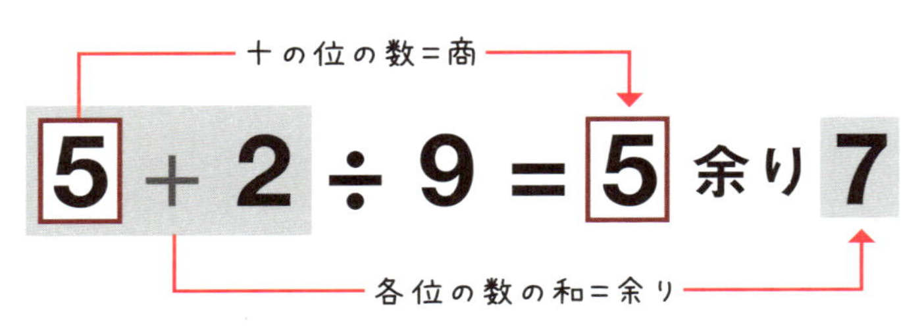

2桁の数を9でわるわり算では、商はわられる数の十の位、余りはわられる数の十の位と一の位の和となります!

52÷9なら、52の十の位5が商、余りは5+2=7とわかります。たしかめると、9×5+7=52。

3桁の数を9でわる場合

251÷9

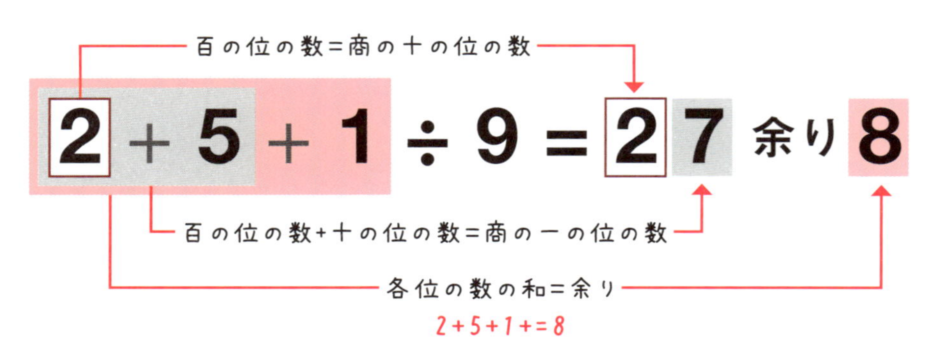

3桁の数を9でわるわり算では、商の十の位の数がわられる数の百の位の数、商の一の位の数がわられる数の百の位の数と十の位の数の和、そして余りはわられる数の百の位と十の位と一の位のそれぞれの位の数の和、すなわち各位の数の和となります！

251 ÷ 9 なら、251 の百の位の数 2 が商の十の位の数に、百の位と十の位の数の和 2 + 5 = 7 が商の一の位の数に、そして余りは 2 + 5 + 1 = 8 とわかります。
たしかめると、9 × 27 + 8 = 251。

各位の数の和が9以上の3桁の数を9でわる場合

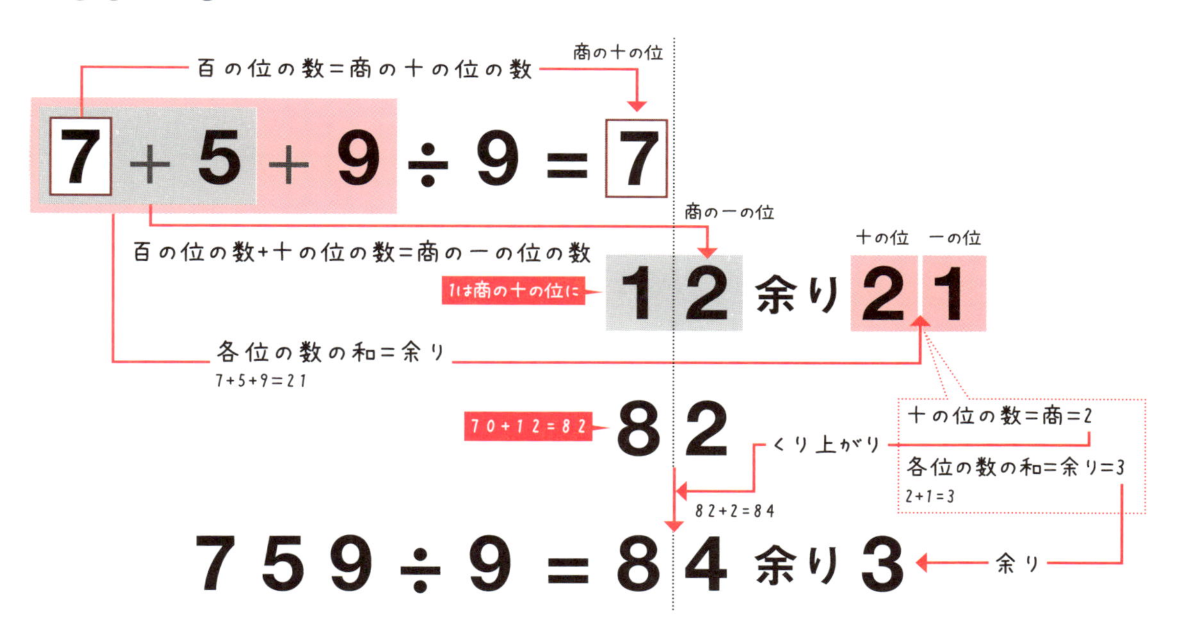

52や 251 の例は、各位の数の和が 9 より小さい場合です。わられる数の各位の数の和が 9 以上になる場合でもこの計算法は適用できます。
759 ÷ 9 の場合、商の十の位の数は 7、商の一の位の数は 7 + 5 = 12、余りは 7 + 5 + 9 = 21 となりますが、この商の一の位の数 12 の十の位の 1 は商の十の位の数 7 にたして、商の十の位の数は 7 + 1 = 8 となり、商は 82。また、余りの 21 は 9 以上の数なのでさらに 9 でわる必要があります。2 桁の数を 9 でわるわり算を適用して、商が 2、余りが 2 + 1 = 3。この余りは最終的な余りになり、商の 2 をくり上げて先ほどの商 82 にたします。最終的な商は 84、余りは 3 となります。

①小数のたし算・ひき算

17世紀になってようやく発明されたのが小数点

小数が考え出される17世紀まで、数は整数だけでした。小数が当たり前になっている現在の私たちからしてみれば、小数がなかった時代を想像することすら容易ではありません。小数の便利さを学びなおしてみましょう。

小数の基本

1より小さい数を小数といいます。小数は小数点「.（点）」を用いて表します。1を10等分した数が0.1、100等分した数が0.01、1000等分した数が0.001です。

小数点以下の位の呼び方は、小数第一位または$\frac{1}{10}$の位のように呼びます。

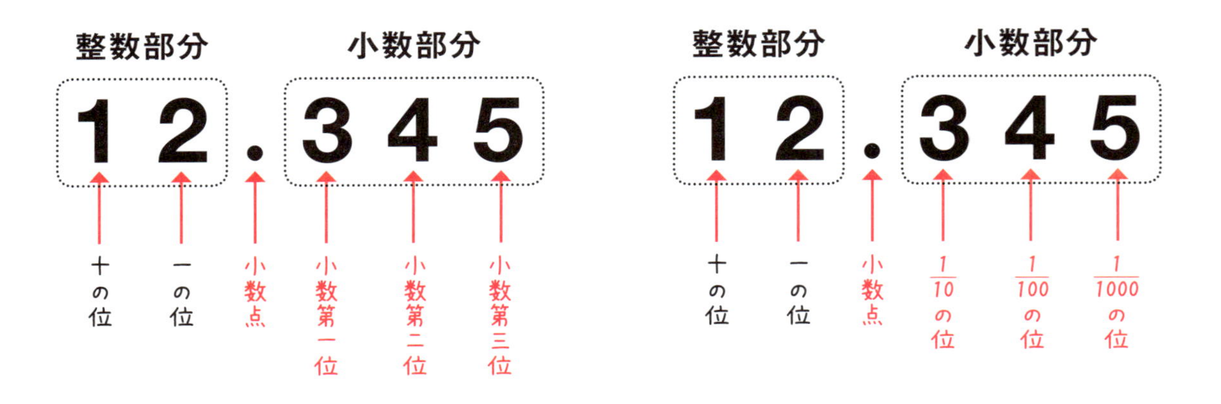

12.345は、10を1個、1を2個、0.1を3個、0.01を4個、0.001を5個合わせた数です。
1は0.1を10個集めた数、0.01を100個集めた数、0.001を1000個集めた数です。

小数のたし算・ひき算

整数の場合と同じように、小数のたし算・ひき算も位をそろえて計算します。筆算をする場合には小数点の位置をそろえます。

3.24＋4.5

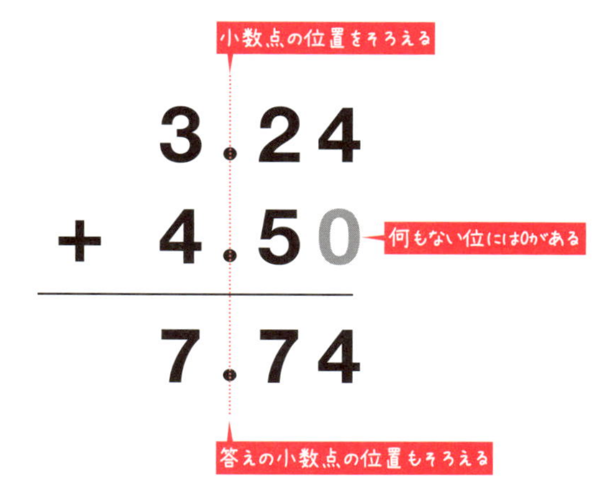

23+1.78

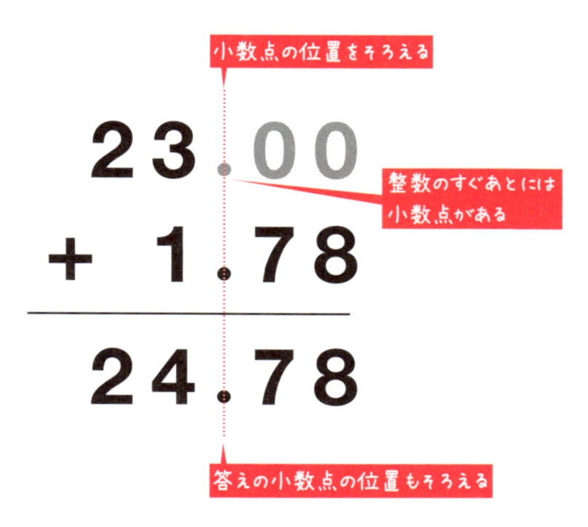

30.4−5.26

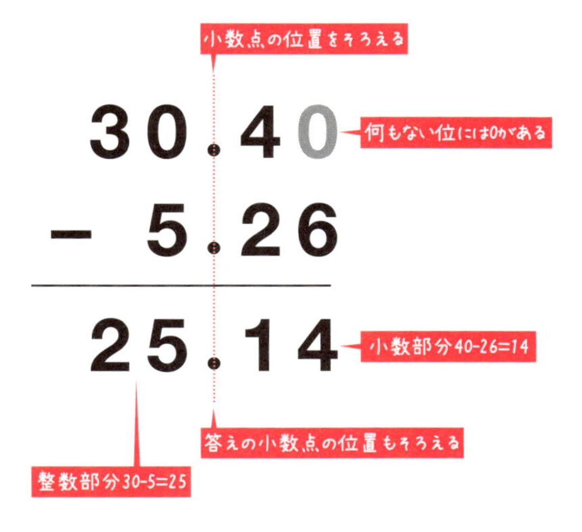

5.1−3.28

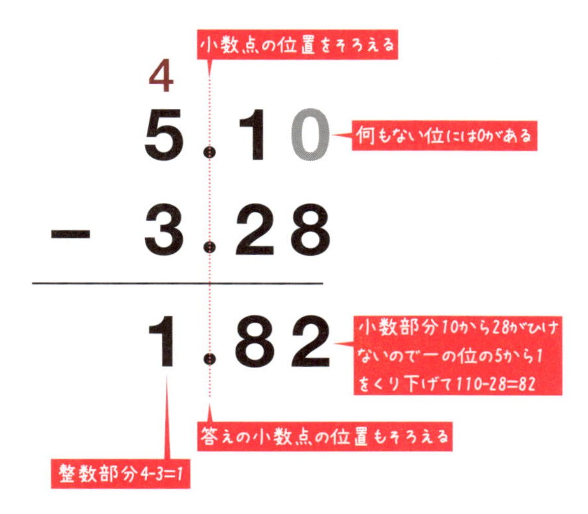

①小数のたし算・ひき算

日付　　月　　日(　)

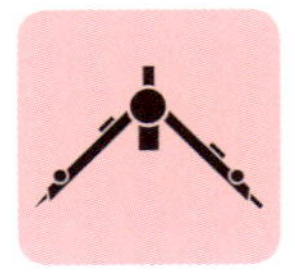

復習ドリル

タイム　　分　　秒

合計　　/100点

基本問題 計算してみましょう。（目標3分/各10点）

1 2.67+3.21

$$\begin{array}{r} 2.67 \\ +\ 3.21 \\ \hline \end{array}$$

2 6.8+7.9

$$\begin{array}{r} 6.8 \\ +\ 7.9 \\ \hline \end{array}$$

3 5.09+10.003

$$\begin{array}{r} 5.09 \\ +\ 10.003 \\ \hline \end{array}$$

4 7.98−5.87

$$\begin{array}{r} 7.98 \\ -\ 5.87 \\ \hline \end{array}$$

5 8.1−5.9

$$\begin{array}{r} 8.1 \\ -\ 5.9 \\ \hline \end{array}$$

6 10.807−3.48

$$\begin{array}{r} 10.807 \\ -\ 3.48 \\ \hline \end{array}$$

応用問題 計算してみましょう。（目標2分/各10点）

①

$6.78+7.92$

②

$9.98+2.2$

③

$5-3.09$

④

$0.239-0.049$

解　答

基本問題

①

$$\begin{array}{r} 2.67 \\ +\ 3.21 \\ \hline 5.88 \end{array}$$

②

$$\begin{array}{r} {}^{1} \\ 6.8 \\ +\ 7.9 \\ \hline 14.7 \end{array}$$

③

$$\begin{array}{r} 5.090 \\ +\ 10.003 \\ \hline 15.093 \end{array}$$

0をつける

④

$$\begin{array}{r} 7.98 \\ -\ 5.87 \\ \hline 2.11 \end{array}$$

⑤

$$\begin{array}{r} {}^{7} \\ \not{8}.1 \\ -\ 5.9 \\ \hline 2.2 \end{array}$$

⑥

$$\begin{array}{r} {}^{7} \\ 10.\not{8}07 \\ -\ 3.480 \\ \hline 7.327 \end{array}$$

0をつける

応用問題

①

$$\begin{array}{r} {}^{1\ 1} \\ 6.78 \\ +\ 7.92 \\ \hline 14.7\not{0} \end{array}$$

0をけす

答 14.7

②

$$\begin{array}{r} {}^{1} \\ 9.98 \\ +\ 2.20 \\ \hline 12.18 \end{array}$$

0をつける

答 12.18

③

$$\begin{array}{r} {}^{4\ 9} \\ \not{5}.00 \\ -\ 3.09 \\ \hline 1.91 \end{array}$$

小数点と0をつける

答 1.91

④

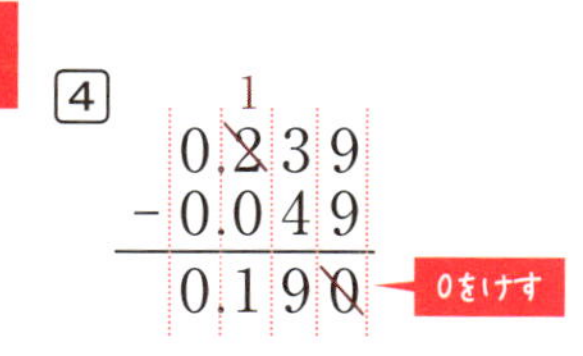

答 0.19

第1章
数と計算

1-2
小数の計算

②小数のかけ算・わり算

小数点の位置のずらし方がコツ

小数のかけ算・わり算の筆算のコツは小数点のずらし方にあります。かけ算はわかりやすいのですが、わり算は商と余りで小数点のずらし方が異なるところをしっかり練習しましょう。

小数のかけ算

次のステップで筆算します。
①桁数の異なる2つの数どうしのかけ算は、右にそろえて筆算します。
②小数点を気にしないで、整数のかけ算の場合と同じように筆算します。
③2つの数の小数点以下の桁数をたした分だけ、答えの小数点を左にずらす。

5.12×3.4

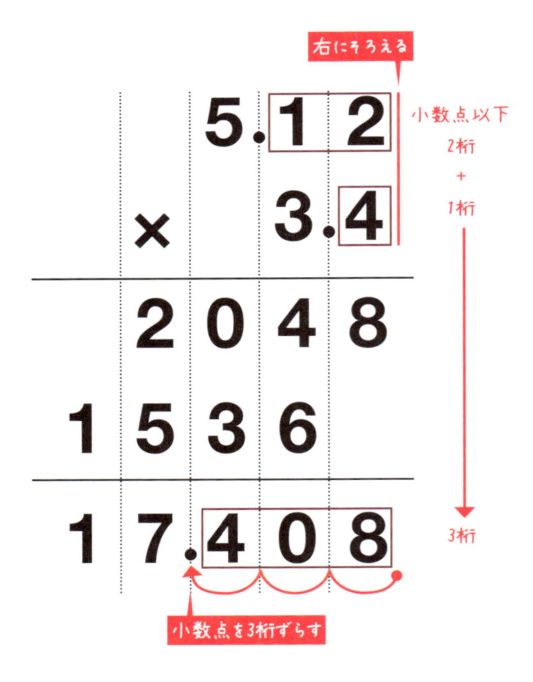

答 17.408

0.85×0.16

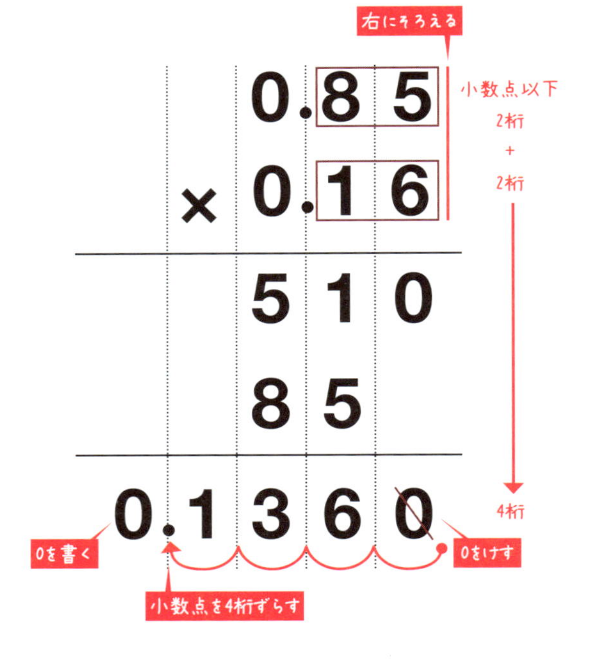

答 0.136

小数のわり算

次のステップで筆算します。
①わる数の小数点を右にずらして整数にする。
②わられる数の小数点を①と同じ数だけ右にずらす。
③小数点を気にしないで、整数のわり算と同じように筆算する。
④商の小数点：わられる数のずらした後の小数点をそのまま上にあげる。
⑤余りの小数点：わられる数のはじめの小数点をそのまま下におろす。

5.12÷6
商を小数第二位まで求め、
余りも出してください。

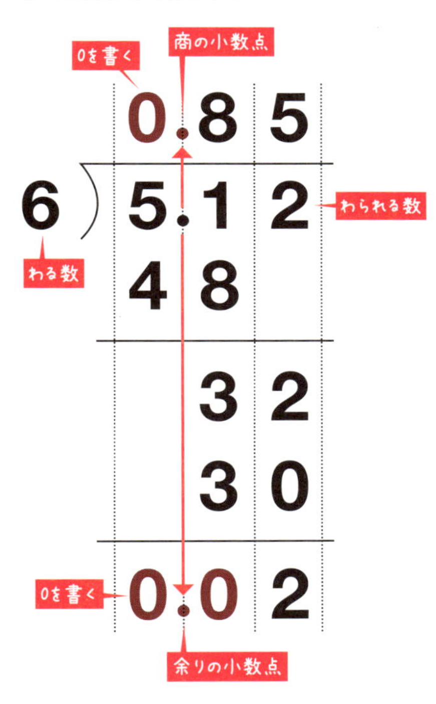

答 0.85余り0.02

5.339÷3.14
商を小数第一位まで求め、
余りも出してください。

商の小数点
わられる数のずらした後
の小数点を上にあげる

1.7
3.14) 5.339 わられる数
わる数
314
2199
2198
0を書く 0.001

余りの小数点
わられる数のはじめの
小数点をそのまま下におろす

答 1.7余り0.001

確認 6×0.85+0.02＝5.12
（わる数：6、商：0.85、余り：0.02、わられる数：5.12）

確認 3.14×1.7+0.001＝5.339
（わる数：3.14、商：1.7、余り：0.001、わられる数：5.339）

まとめ

① かけ算：2つの数の小数点以下の桁数をたした分だけ、積の小数点を左にずらす
② わり算：余りの小数点はわられる数のはじめの小数点をそのまま下におろす

②小数のかけ算・わり算 日付　月　日(　)

復習ドリル

タイム　分　秒

合計　/100点

基本問題 計算してみましょう。（目標3分/各10点）
5は、商を小数第二位まで求め、余りも出してください。

1 2.6×3.21

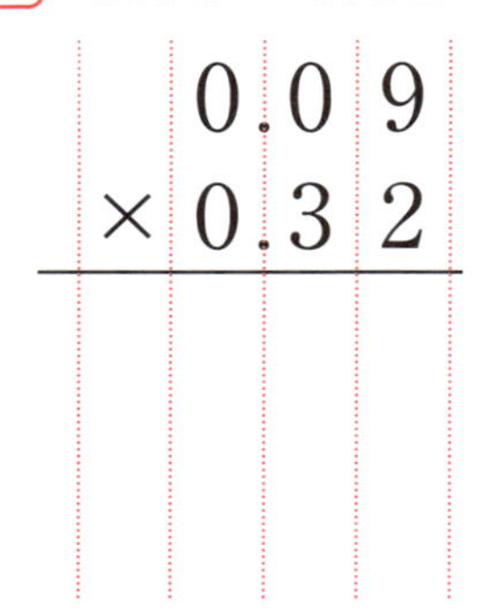

2 6.8×7.9

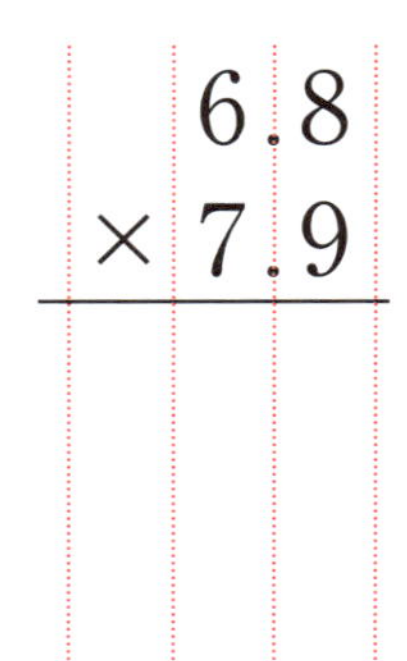

3 0.09×0.32

4 7.5÷5

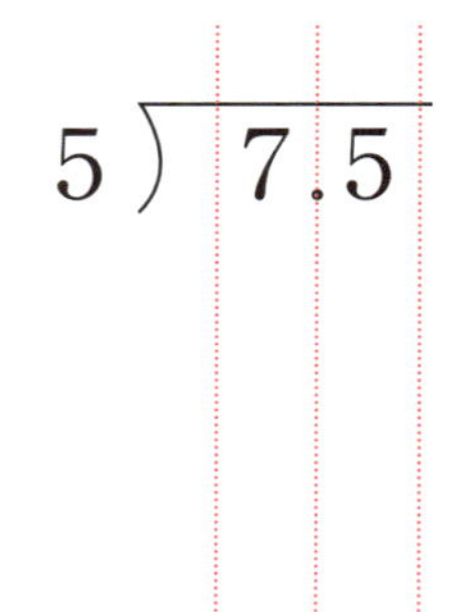

5 0.86÷4

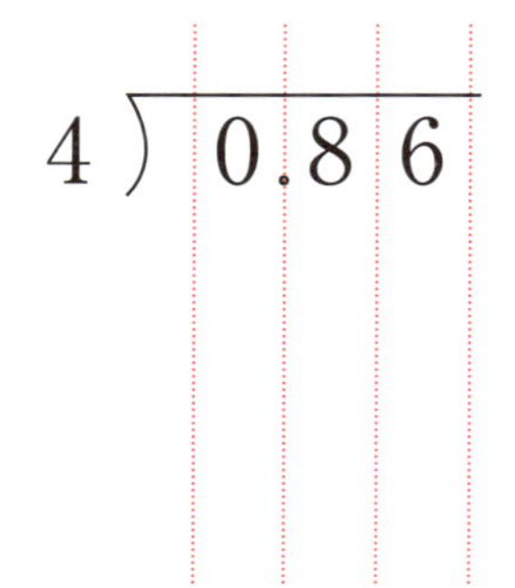

6 11.5÷2.3

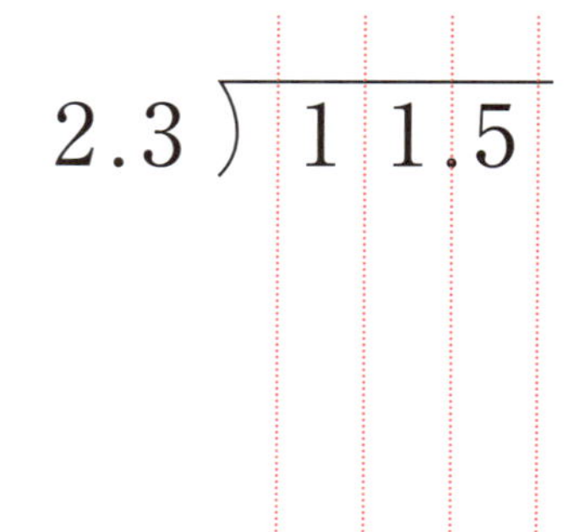

応用問題 計算してみましょう。（目標2分/各10点）

1 3.47×4.76

2 0.83×0.345

3 商を小数第一位まで求め、余りも出してください。

$9.859 \div 3.14$

4 商を一の位まで求め、余りも出してください。

$4 \div 0.314$

解　答

基本問題

1

```
    2.6
  ×3.2 1
     2 6
   5 2
 7 8
 8.3 4 6
```

2

```
    6.8
   ×7.9
  6 1 2
4 7 6
5 3.7 2
```

3

```
   0.0 9
 ×0.3 2
     1 8
   2 7
0.0 2 8 8
```

4

```
      1.5
 5 ) 7.5
     5
     2 5
     2 5
       0
```

答 1.5

5

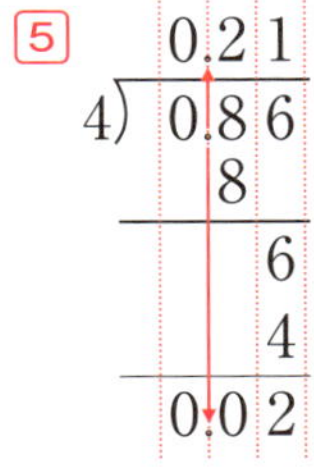

答 0.21余り0.02

6

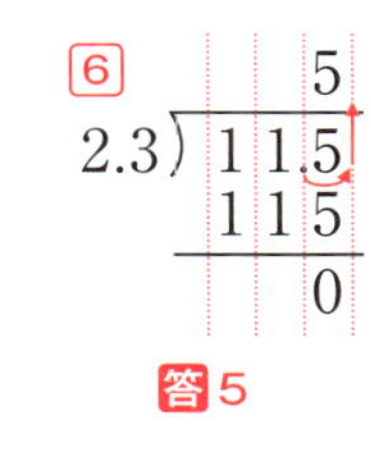

答 5

応用問題

1

```
      3.4 7
    ×4.7 6
    2 0 8 2
  2 4 2 9
1 3 8 8
1 6.5 1 7 2
```

2

```
        0.8 3
    ×0.3 4 5
        4 1 5
      3 3 2
    2 4 9
  0.2 8 6 3 5
```

3

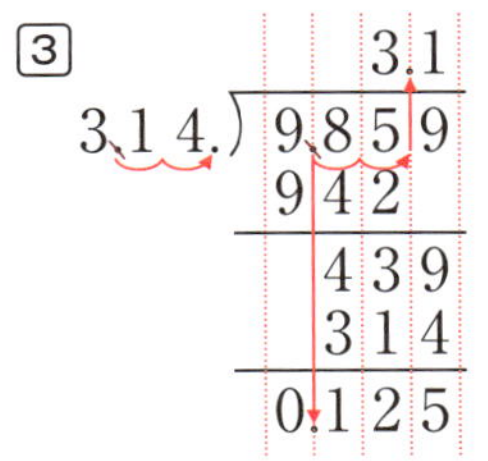

答 3.1余り0.125

4

```
                1 2.
0.3 1 4. ) 4 0 0 0
           3 1 4
             8 6 0
             6 2 8
           0.2 3 2
```

答 12余り0.232

第1章
数と計算

1-3
約数と倍数

①約数・倍数

時間の計算は約数と倍数だらけ

約数という言葉を知る前にわたしたちは約数と倍数の考え方を実は知らず知らずのうちに実感しています。時計の文字盤の数字を見ながら、12を2等分、3等分、4等分、6等分そして12等分できることや、15分の2倍、3倍、4倍がそれぞれ30分、45分、60分であることなどは感覚的にわかっています。時計盤を思い出しながら、約数・倍数の基本をマスターしましょう。

約数とは

12をわりきることができる整数を、12の約数といいます。
□＝1×□なので、整数□の約数は必ず1と□です。1と□の間にある約数を見つける基本は2、3、4、5、6、…と順にわりきることができるかどうかを調べていくことです。

12の約数は(1、2、3、4、6、12)

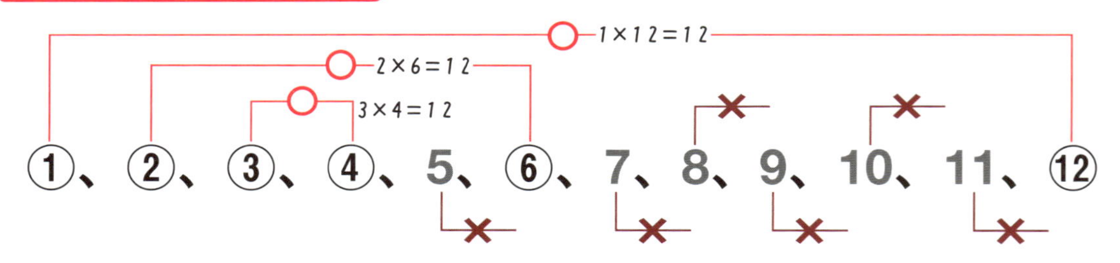

公約数と最大公約数

12と18の公約数と最大公約数

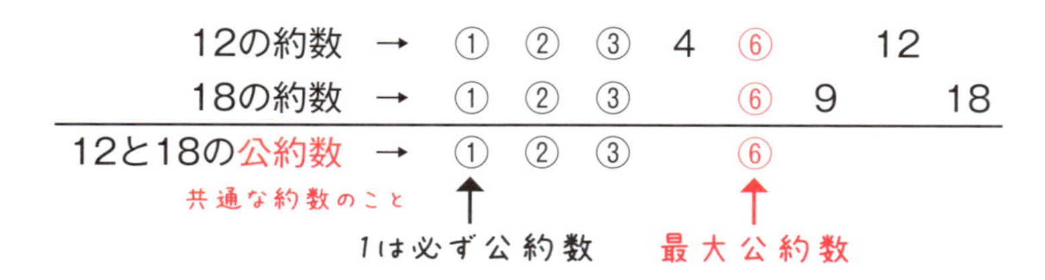

①12と18の公約数は1、2、3、6（公約数は限られた数しかない）
②1は必ず公約数
③一番大きい公約数がある。これを最大公約数という。12と18の最大公約数は6

最大公約数の見つけ方

2つの数のうち小さい数の方が約数の個数がすくなくなる場合があります。そこで、まず小さい数の約数を求めて、そのうち大きい数の約数になっているものを選べば最大公約数が求められます。

倍数とは

1分は60秒、2分は120秒、3分は180秒といった時間の計算で、60、120、180という数が60の倍数です。60に整数をかけてできる数を、60の倍数といいます。

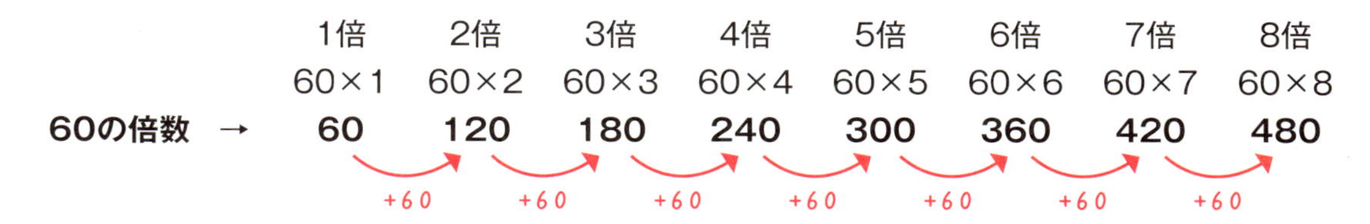

①60の倍数の0倍　60×0＝0の0は倍数には入れない
②60の倍数は60おきに並ぶ
③60の倍数は60でわりきれる数

公倍数と最小公倍数

2と3の倍数を並べてみると

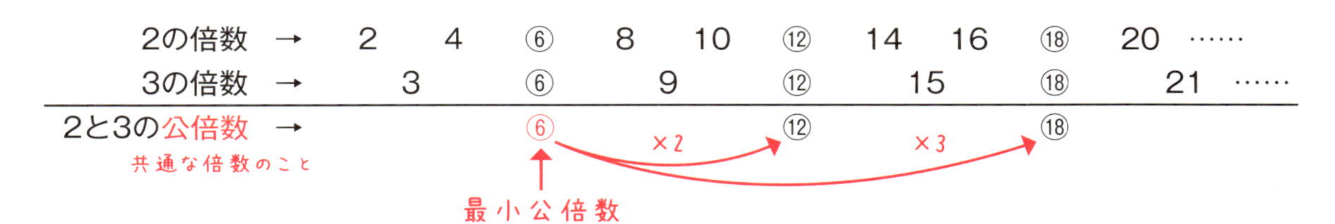

①2と3の公倍数は6、12、18、…　（公倍数はいくらでもある）
②一番小さい公倍数がある。これを最小公倍数という。
　2と3の最小公倍数は6
③2と3の公倍数は、最小公倍数6の倍数

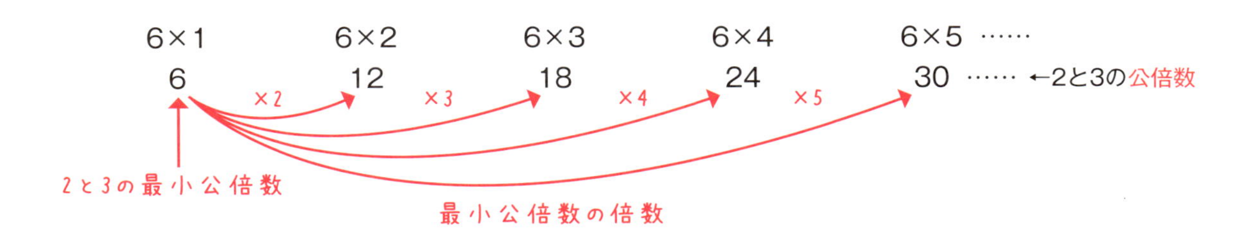

まとめ

① 約数・倍数は時間の計算を思い出そう
② 公約数の数は限られている　→　最大公約数がある　→　最大公約数の約数が公約数
③ 公倍数はいくらでもある　→　最小公倍数がある
　→　最小公倍数の倍数が公倍数

第1章
数と計算

1-3
約数と倍数

②倍数判定法

オトナのための算数講座

2520は7の倍数でしょうか？　2520÷7のわり算をすればわかることですが、わり算をすることなく判定する方法があります。2520は2の倍数（偶数）、5の倍数、そして10の倍数であることは、一の位の数0から判定できます。3の倍数と9の倍数は各位の数の和から判定できます。7の倍数と8の倍数の判定法は特別な計算をします。倍数の判定法の面白さを見ていきましょう。

2の倍数、5の倍数、10の倍数→一の位の数に着目

2の倍数（偶数）は一の位の数が0、2、4、6、8のいずれかであること。5の倍数は一の位の数が0か5であること。そして、10の倍数は一の位の数が0であること。

2520→一の位 0、2、4、6、8のいずれか →2520は2の倍数（偶数）
2520→一の位 0、5のいずれか →2520は5の倍数
2520→一の位 0 →2520は10の倍数

3の倍数、9の倍数→各位の数の和に着目

2520の各位の数の和は2+5+2+0=9です。9は3の倍数なので2520は3の倍数です。たしかめると2520÷3=840です。また、9は9の倍数ですから2520は9の倍数です。たしかめると2520÷9=280です。

2520→各位の数の和 2+5+2+0=9（3の倍数）→2520は3の倍数
2520→各位の数の和 2+5+2+0=9（9の倍数）→2520は9の倍数

AMラジオ局の周波数（関東地区）は9の倍数です。
NHK第一594kHz、TBS 954kHz、文化放送1134kHz、ニッポン放送1242kHz
594→5+9+4=18（9の倍数）、954→9+5+4=18（9の倍数）、1134→1+1+3+4=9（9の倍数）、1242→1+2+4+2=9（9の倍数）

4の倍数→下2桁の数に着目

2520の下2桁とは十の位以下の20のことです。下2桁の20が4の倍数なので2520は4の倍数です。たしかめると2520÷4=630です。

2520→下2桁 20（4の倍数）→2520は4の倍数

6の倍数→2の倍数かつ3の倍数

一の位の数が2の倍数で、各位の数の和が3の倍数なら6の倍数だとわかります。たしかめると 2520÷6=420 です。

2520→一の位0（2の倍数）かつ各位の数の和2+5+2+0=9（3の倍数）
→2520は2の倍数であり3の倍数でもある、つまり2520は6の倍数

7の倍数→百の位以上の数と下2桁の数に着目

7の倍数の判定をするために、2桁までの7の倍数を覚えておきます。7、14、21、28、35、42、49、56、63。ここまでは九九の七の段です。続きの70、77、84、91、98も覚えておきましょう。（百の位以上の数を2倍）+（下2桁の数）の値が7の倍数なら7の倍数だとわかります。

（百の位の数）×2+（下2桁の数）

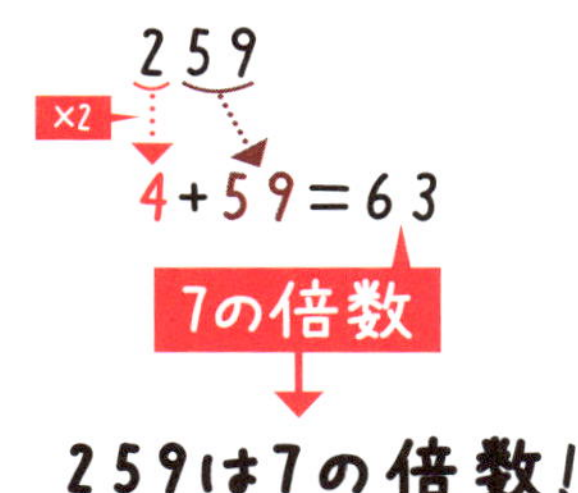

（百の位の数）×2+（下2桁）

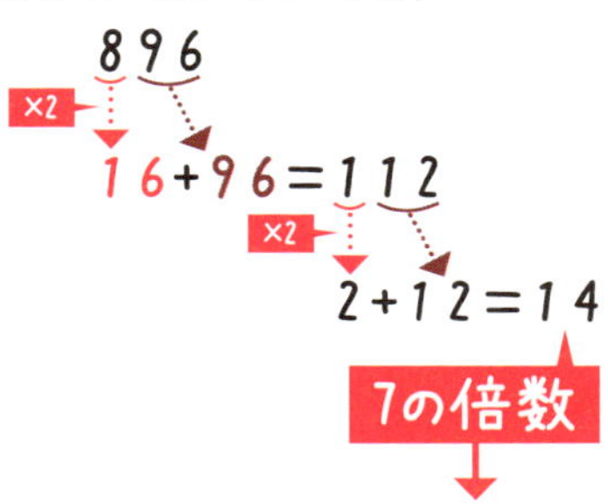

（百の位以上の数）×2+（下2桁の数）

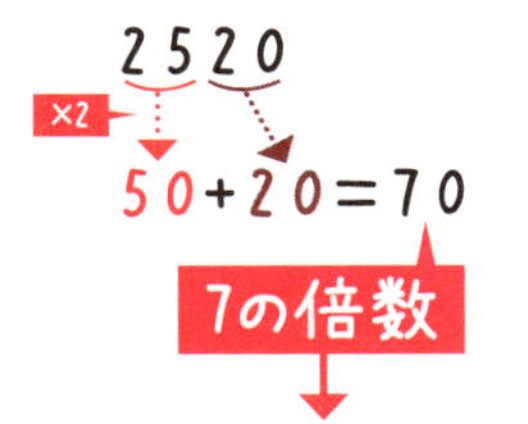

8の倍数→百の位の数と下2桁の数に着目

百の位の数を4倍した数と下2桁の数を比べて、大きい方から小さい方をひきます。この差が8の倍数ならばもとの数は8の倍数です。

2つの数の差

536 ⇒ 36 - 20 = 16

×4 → 20

8の倍数→536は8の倍数

4桁以上の場合、百の位以下の数だけに注目

2つの数の差

2520 ⇒ 20 - 20 = 0

×4 → 20

8の倍数→520は8の倍数→2520は8の倍数

（注）8に整数をかけてできる数を8の倍数というので、8×0=0より0も8の倍数です。

まとめ

2の倍数	一の位の数が2の倍数
3の倍数	各位の数の和が3の倍数
4の倍数	下2桁の数が4の倍数
5の倍数	一の位の数が0か5
6の倍数	一の位の数が2の倍数で、各位の和が3の倍数
7の倍数	① 3桁の数…百の位の数を2倍した数と下2桁の数の和が7の倍数 ② 4〜6桁の数…百の位以上の数を2倍した数と、下2桁の数の和が7の倍数 例 11963→119×2+63=301 →3×2+1=7→7の倍数 ③ 7桁以上…3桁の数ごとに交互にたしたりひいたりした結果が7の倍数。結果が3桁を超えたら①をくり返す 例 2539880→2-539+880=343 3×2+43=49→7の倍数
8の倍数	百の位の数を4倍した数と下2桁の数を比べて大きい方から小さい方の数をひいた差が8の倍数
9の倍数	各位の数の和が9の倍数
10の倍数	一の位の数が0

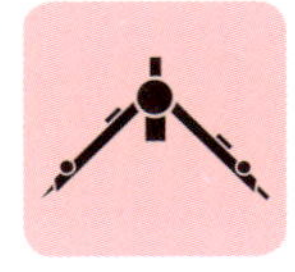

復習ドリル

タイム 分 秒

合計 /100点

基本問題 (目標3分/各10点)

1 30の約数を求めてみましょう。

2 18と30の公約数を求めてみましょう。

3 6と9の最小公倍数を求めてみましょう。

4 123は3の倍数ですか。

5 140は4の倍数ですか。

6 243は9の倍数ですか。

応用問題
（目標2分/各10点）

1 36と27の最大公約数を求めてみましょう。

2 2と3と4の最小公倍数を求めてみましょう。

3 483は7の倍数ですか。

4 464は8の倍数ですか。

解　答

基本問題

1 1、2、3、5、6、10、15、30
2 1、2、3、6
3 18
4 1+2+3=6→3の倍数→123は3の倍数
5 140の下2桁の数40→4の倍数→140は4の倍数
6 2+4+3=9→9の倍数→243は9の倍数

応用問題

1 小さい方の27の約数
→1, 3, 9, 27→36と27の最大公約数は9
2 12
3 （百の位の数）×2+（下2桁）→4×2+83=91
→7の倍数→483は7の倍数
4 （百の位の数）×4→4×4=16、（下2桁）の数は64より、2つの数の差を求めると、64-16=48→8の倍数→464は8の倍数

第1章
数と計算

1-4
分数の計算

①分数のたし算・ひき算

大昔から使われてきた分数

分数の種類(真分数・仮分数・帯分数)と分数特有の計算(約分・通分)をふまえながら、分数の四則(たし算・ひき算・かけ算・わり算)の計算をマスターしていきましょう。

真分数・仮分数・帯分数

$\frac{1}{2}$、$\frac{3}{5}$、$\frac{9}{10}$ 分子小さい 分母大きい

真分数(分子<分母)

$\frac{3}{3}$、$\frac{15}{4}$ 等しい 分子大きい 分母小さい

仮分数(分子＝分母または分子>分母)

整数 真分数 $2\frac{1}{3} = 2 + \frac{1}{3}$

帯分数(整数と真分数の和で表されている分数)

仮分数を帯分数になおす　$\frac{7}{3} \rightarrow 7 \div 3 = 2$ 余り $1 \rightarrow 2\frac{1}{3}$（分子 分母 商 余り）

$\frac{7}{3} = 2\frac{1}{3}$　仮分数 帯分数

約分

$\frac{12}{18}$ →12と18の公約数は1、2、3、⑥← 最大公約数（分子 分母）

最大公約数でわる　$\frac{12 \div 6}{18 \div 6} = \frac{2}{3}$ →最も簡単な分数（分母と分子の公約数が1しかない分数）

約分

分数のたし算・ひき算

分母が同じ分数のたし算は、分子どうしをたす。分母が同じ分数のひき算は、分子どうしをひく。分母が異なる分数の場合には、通分してから計算する。

分子どうしをたす
$\frac{1}{5} + \frac{2}{5} = \frac{1+2}{5} = \frac{3}{5}$
分母は等しい

分子どうしをひく
$\frac{5}{7} - \frac{1}{7} = \frac{5-1}{7} = \frac{4}{7}$
分母は等しい

分母が異なる分数のたし算→通分して計算する

答えが約分できるときは約分する

$$\frac{1}{3}+\frac{5}{12}=\frac{4}{12}+\frac{5}{12}=\frac{9}{12}=\frac{3}{4}$$

分母は3と12の最小公倍数の12で通分

12と9の最大公約数の3で約分

$$\frac{1}{3}=\frac{1\times4}{3\times4}=\frac{4}{12}$$

分数の性質
分母と分子に同じ数をかけても分数の大きさは変わらない

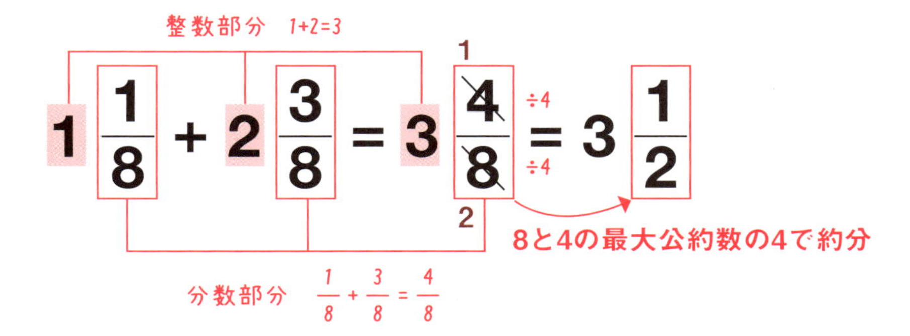

分母が異なる分数のひき算→通分して計算する

$$\frac{3}{4}-\frac{2}{5}=\frac{15}{20}-\frac{8}{20}=\frac{15-8}{20}=\frac{7}{20}$$

分母は4と5の最小公倍数の20で通分

$$\frac{3}{4}=\frac{3\times5}{4\times5}=\frac{15}{20}\qquad\frac{2}{5}=\frac{2\times4}{5\times4}=\frac{8}{20}$$

$$\frac{1}{2}-\frac{1}{3}+\frac{1}{4}=\frac{6-4+3}{12}=\frac{5}{12}$$

分母は2と3と4の最小公倍数の12で通分

$$\frac{1}{2}=\frac{1\times6}{2\times6}=\frac{6}{12}\qquad\frac{1}{3}=\frac{1\times4}{3\times4}=\frac{4}{12}\qquad\frac{1}{4}=\frac{1\times3}{4\times3}=\frac{3}{12}$$

まとめ

① 約分は分母と分子の最大公約数でわる
② 通分はいくつかの分母の最小公倍数を見つけて、それを分母とする分数になおす
③ 帯分数のたし算・ひき算は整数部分と分数部分に分けて計算する

①分数のたし算・ひき算 日付　月　日(　)

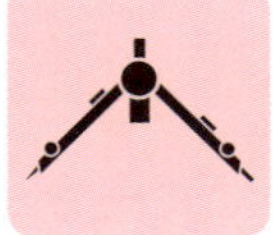

復習ドリル

タイム　分　秒

合計　/100点

基本問題 計算してみましょう。（目標3分/各10点）

1 $\frac{1}{8}+\frac{2}{8}$

2 $4\frac{2}{7}+5\frac{3}{7}$

3 $\frac{1}{12}+\frac{5}{12}$

4 $\frac{7}{15}-\frac{2}{15}$

5 $\frac{1}{2}-\frac{1}{3}$

6 $\frac{7}{12}-\frac{5}{18}$

応用問題 計算してみましょう。（目標2分/各10点）

① $\dfrac{2}{3}+\dfrac{1}{2}+\dfrac{1}{4}$

② $3\dfrac{1}{5}-1\dfrac{1}{3}$

③ $\dfrac{1}{12}-\dfrac{1}{15}+\dfrac{1}{30}$

④ $2-\dfrac{1}{3}-\dfrac{1}{7}$

解　答

基本問題

① $\dfrac{1}{8}+\dfrac{2}{8}=\dfrac{1+2}{8}=\dfrac{3}{8}$

② $4\dfrac{2}{7}+5\dfrac{3}{7}=9+\dfrac{2+3}{7}=9\dfrac{5}{7}$

③ $\dfrac{1}{12}+\dfrac{5}{12}=\dfrac{6}{12}=\dfrac{1}{2}$

④ $\dfrac{7}{15}-\dfrac{2}{15}=\dfrac{7-2}{15}=\dfrac{5}{15}=\dfrac{1}{3}$

⑤ $\dfrac{1}{2}-\dfrac{1}{3}=\dfrac{3}{6}-\dfrac{2}{6}=\dfrac{3-2}{6}=\dfrac{1}{6}$

⑥ $\dfrac{7}{12}-\dfrac{5}{18}=\dfrac{21}{36}-\dfrac{10}{36}=\dfrac{21-10}{36}=\dfrac{11}{36}$

応用問題

① $\dfrac{2}{3}+\dfrac{1}{2}+\dfrac{1}{4}=\dfrac{8}{12}+\dfrac{6}{12}+\dfrac{3}{12}=\dfrac{8+6+3}{12}=\dfrac{17}{12}=1\dfrac{5}{12}$

② $3\dfrac{1}{5}-1\dfrac{1}{3}=3\dfrac{3}{15}-1\dfrac{5}{15}=2\dfrac{18}{15}-1\dfrac{5}{15}=1\dfrac{13}{15}$

③ $\dfrac{1}{12}-\dfrac{1}{15}+\dfrac{1}{30}=\dfrac{5}{60}-\dfrac{4}{60}+\dfrac{2}{60}=\dfrac{5-4+2}{60}=\dfrac{3}{60}=\dfrac{1}{20}$

④ $2-\dfrac{1}{3}-\dfrac{1}{7}=\dfrac{42}{21}-\dfrac{7}{21}-\dfrac{3}{21}-\dfrac{42-7-3}{21}=\dfrac{32}{21}=1\dfrac{11}{21}$

第1章
数と計算

1-4
分数の計算

②分数のかけ算・わり算

約分は計算の最後ではなく途中でする

分数どうしのかけ算は分子と分子、分母と分母をかける計算をします。分数でわる場合には、わる数の分数の分子と分母を入れかえた分数にして分数のかけ算として計算します。整数と分数のかけ算・わり算では、整数を分母を1とする分数にして計算します。

分数のかけ算

分数×分数は、分子どうし、分母どうしをかけます。

$$\frac{2}{3}\times\frac{5}{7}=\frac{2\times5}{3\times7}=\frac{10}{21}$$

（分子×分子、分母×分母）

分数×整数または整数×分数は、
整数を分母が1の分数とみて、分子どうし、分母どうしをかけます。

$$\frac{3}{7}\times2=\frac{3}{7}\times\frac{2}{1}=\frac{3\times2}{7\times1}=\frac{6}{7}$$

（整数　分母が1の分数にする　分子どうしをかける　分母どうしをかける）

約分をしてから分子どうし、分母どうしのかけ算をします。

$$\frac{5}{12}\times\frac{3}{10}=\frac{\overset{1}{\cancel{5}}\times\overset{1}{\cancel{3}}}{\underset{4}{\cancel{12}}\times\underset{2}{\cancel{10}}}=\frac{1}{8}$$

途中で約分します

$$\frac{5\times3}{12\times10}=\frac{15}{120}$$

分子×分子と分母×分母の後では、約分が大変

分数のわり算

分数でわるわり算は、わる数の分数の分子と分母を入れかえた分数をつくり、分数のかけ算になおして計算をします。つまり、分子どうし、分母のどうしのかけ算をします。

$$\frac{2}{3} \div \frac{5}{7} = \frac{2}{3} \times \frac{7}{5} = \frac{2 \times 7}{3 \times 5} = \frac{14}{15}$$

分子×分子
分母×分母
分子と分母を入れかえた分数をかける

かけ算になおしてから約分します。

$$\frac{8}{9} \div \frac{2}{3} = \frac{8}{9} \times \frac{3}{2} = \frac{\overset{4}{\cancel{8}} \times \overset{1}{\cancel{3}}}{\underset{3}{\cancel{9}} \times \underset{1}{\cancel{2}}} = \frac{4}{3} = 1\frac{1}{3}$$

分子と分母を入れかえた分数をかける
約分します

なぜ、分数のわり算はわる数の分子と分母を入れかえた分数をかけるのか説明してみます。

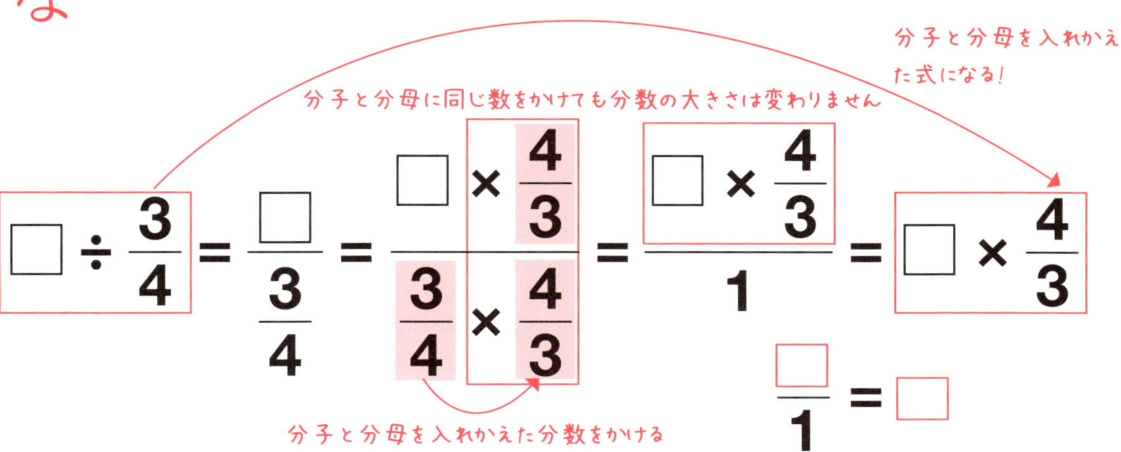

まとめ

① 分数のかけ算は、分子どうし、分母どうしをかける
② 分数のわり算は、わる数の分数の分子と分母を入れかえた分数にして、かけ算として計算する
③ 約分は途中でする。最後にすると大変!

②分数のかけ算・わり算

日付　月　日(　)

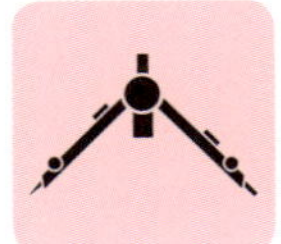

復習ドリル

タイム　分　秒

合計　/100点

基本問題 計算してみましょう。（目標3分/各10点）

1 $\dfrac{2}{5} \times \dfrac{3}{7}$

2 $\dfrac{7}{10} \times \dfrac{5}{14}$

3 $3 \times \dfrac{5}{12}$

4 $\dfrac{4}{9} \div \dfrac{5}{7}$

5 $\dfrac{8}{15} \div \dfrac{3}{4}$

6 $\dfrac{5}{24} \div \dfrac{10}{21}$

応用問題 計算してみましょう。（目標2分/各10点）

① $1\frac{3}{5} \times 1\frac{1}{4}$

② $\frac{5}{7} \times \frac{7}{9} \times \frac{3}{10}$

③ $\frac{7}{12} \times \frac{2}{5} + \frac{1}{6} \times \frac{3}{5}$

④ $\frac{1}{5} \div \frac{2}{15} \div \frac{5}{12}$

解　答

基本問題

① $\frac{2}{5} \times \frac{3}{7} = \frac{6}{35}$

② $\frac{7}{10} \times \frac{5}{14} = \frac{1}{4}$

③ $3 \times \frac{5}{12} = \frac{5}{4} = 1\frac{1}{4}$

④ $\frac{4}{9} \div \frac{5}{7} = \frac{28}{45}$

⑤ $\frac{8}{15} \div \frac{3}{4} = \frac{32}{45}$

⑥ $\frac{5}{24} \div \frac{10}{21} = \frac{7}{16}$

応用問題

① $1\frac{3}{5} \times 1\frac{1}{4} = \frac{\cancel{8}^{2} \times \cancel{5}^{1}}{\cancel{5}_{1} \times \cancel{4}_{1}} = \frac{2}{1} = 2$

② $\frac{5}{7} \times \frac{7}{9} \times \frac{3}{10} = \frac{\cancel{5}^{1} \times \cancel{7}^{1} \times \cancel{3}^{1}}{\cancel{7}_{1} \times \cancel{9}_{3} \times \cancel{10}_{2}} = \frac{1}{6}$

③ $\frac{7}{12} \times \frac{2}{5} + \frac{1}{6} \times \frac{3}{5} = \frac{7}{30} + \frac{1}{10} = \frac{7}{30} + \frac{3}{30} = \frac{\cancel{10}^{1}}{\cancel{30}_{3}} = \frac{1}{3}$

④ $\frac{1}{5} \div \frac{2}{15} \div \frac{5}{12} = \frac{1 \times \cancel{15}^{3} \times \cancel{12}^{6}}{\cancel{5}_{1} \times \cancel{2}_{1} \times 5} = \frac{18}{5} = 3\frac{3}{5}$

第1章
数と計算

1-5
がい数

①がい数

四捨五入・切り捨て・切り上げ

算数で習うがい数とがい算ですが、オトナになって社会に出てから本格的な出会いとなります。家庭や職場ではがい数が頻繁に登場します。「だいたい」「約」「おおざっぱ」「ほぼ」「おおまかに」といった言葉が使われます。桁数の大きな数を便利にあつかえるようにしたのががい数です。がい数にする方法には、四捨五入、切り捨て、切り上げの3つがあります。そのちがいをマスターしましょう。

四捨五入

123206円なら約12万円、129176円なら約13万円というようながい数にする方法が四捨五入です。

千の位の数が0、1、2、3、4なら切り捨て（千の位以下をすべて0にして、一万の位はそのまま）→四捨

千の位の数が5、6、7、8、9なら切り上げ（千の位以下をすべて0にして、一万の位に1をたす）→五入

一万の位　千の位が0、1、2、3、4
12 3206
そのまま　切り捨て
12 0000

一万の位　千の位が5、6、7、8、9
12 9176
+1　切り上げ
13 0000

四捨五入して一万の位までのがい数にする

切り捨て

消費税の計算で現れる1円未満の数を端数といいます。法律では消費税の端数をどのように処理するかは定められていませんが、切り捨てがよく用いられます。必要な位まで残して、それより下の位の数を0にすることを切り捨てといいます。

1円未満の端数
1237 3.007
そのまま　切り捨て
1237 3.000

1円未満の端数
1237 3.999
そのまま　切り捨て
1237 3.000

消費税では1円未満の端数を切り捨てることが多い

切り上げ

控除額の計算において算出した金額に1円未満の端数があるときは、その端数を切り上げます。

国税庁の年末調整のしかたにこう書かれています。必要な位より下の数がすべて0でないかぎり、必要な位の数に1をたして、それより下の位の数を0にすることを切り上げといいます。

1円未満の端数がすべて0でない
1237 3.007
+1　切り上げ
1237 4.000

1円未満の端数がすべて0でない
1237 3.999
+1　切り上げ
1237 4.000

1円未満の端数を切り上げる

①がい数

日付　　月　　日(　)

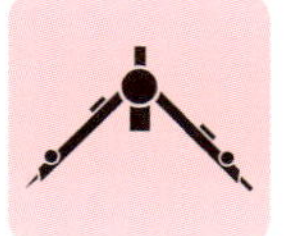

復習ドリル

タイム　　分　　秒

合計　　/100点

基本問題 次の問いに答えましょう。（目標5分/各10点）

1 次の数を千の位の数を四捨五入して、がい数にしましょう。

① 765523　② 7032006　③ 3986021

2 次の数を四捨五入して千の位までのがい数にしましょう。

④ 765523　⑤ 7032006　⑥ 3986021

3 次の数を切り捨てて、千の位までのがい数にしましょう。

⑦ 765523　⑧ 7032006

4 次の数を切り上げて、千の位までのがい数にしましょう。

⑨ 765523　⑩ 7032006

解　答

1 ① 770000　② 7030000　③ 3990000

2 四捨五入して千の位まで→すぐ下の位である百の位の数を四捨五入

④ 766000　⑤ 7032000　⑥ 3986000

3 切り捨てて千の位まで→すぐ下の位である百の位以下を0にする

⑦ 765000　⑧ 7032000

4 切り上げて千の位まで→すぐ下の位である百の位以下を0にして、千の位に1をたす

⑨ 766000　⑩ 7033000

オトナのための算数講座

エクセルで請求書や見積書を作成する際にがい数をつくるエクセルの関数

数値を指定の桁数で四捨五入 →ROUND(数値、桁数)
数値を指定の桁数で切り捨て →ROUNDDOWN(数値、桁数)
数値を指定の桁数で切り上げ →ROUNDUP(数値、桁数)

【計算例】

12345を四捨五入して千の位までのがい数にする →ROUND(12345,-3)=12000
12373.007の1円未満を切り捨てする →ROUNDDOWN(12373.007,0)=12373
12373.007の1円未満を切り上げする →ROUNDUP(12373.007,0)=12374

第2章
量と測定

2-1
単位量あたりの大きさ

①平均

多くのデータの特徴を表す数値

テストの平均点数、平均身長、平均体重、平均価格、平均速度、身のまわりには平均で表すことがたくさんあります。クラス全員の成績、日本の小学3年生全員の身長・体重、全国小売店の牛乳の価格というように、たくさんの数値を集めたときに、合計を個数でわった数値が平均(平均値)です。たくさんある数値の特徴を1つの数値でつかむことができるのが平均です。

平均の求め方

平均とは、いくつかの数・量を、等しい大きさになるようにならしたものです。

平均 ＝ 合計 ÷ 個数

合計：たした答え(和)　個数：データ数

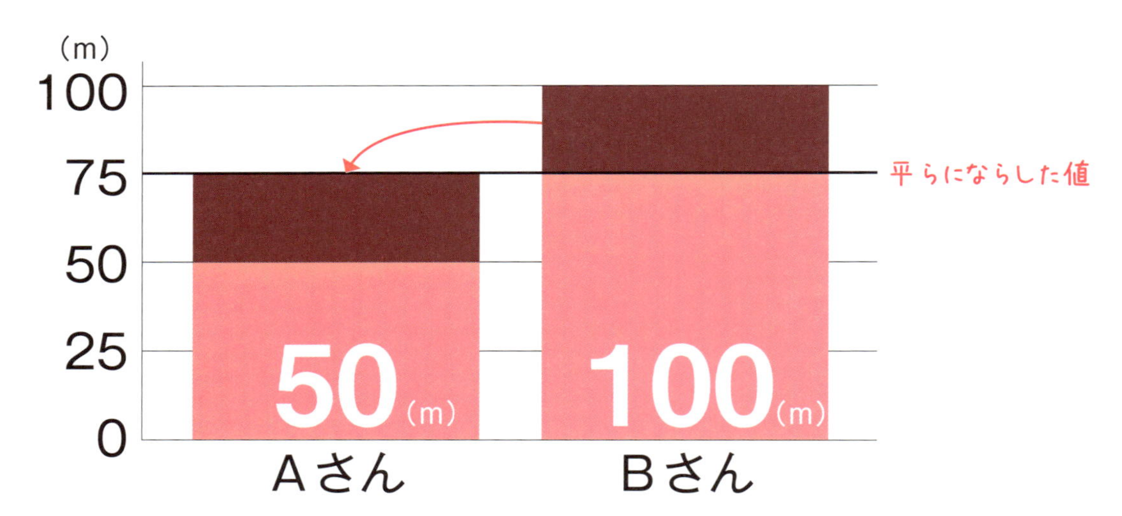

平均 ＝ (50+100) ÷ 2 ＝ 75 (m)

たした合計　個数　単位

平均　75m

仮平均を用いた平均の求め方

仮平均とは平均に近い値のこと。仮平均を用いることで平均が簡単に求められます。

A	B	C
220g	210g	260g

平均＝合計÷個数を用いた計算

(220+210+260)÷3=690÷3=230 (g)

平均　230g

仮平均を用いた計算

量がいずれも200gを超えていることに着目すると平均が簡単に計算できます。

仮平均を200gとして、各データとの差の平均を求め、それに200gをたした値が平均になります。

	A	B	C
	220g	210g	260g
仮平均を200gとするときの仮平均との差	20g	10g	60g

① データから仮平均を決める　200g

② 仮平均との差を計算　Aは220-200=20、Bは210-200＝10、Cは260-200=60

③ ②の差の合計を計算　20+10+60=90

④ (仮平均との差) の平均＝ (データ-仮平均)÷個数を計算　90÷3=30

⑤ 平均＝仮平均＋(仮平均との差)の平均　200+30=230 (g)

平均　230g

数が小さくなるから計算が楽

$$平均 = 仮平均 + \frac{(仮平均との差)の合計}{個数}$$

まとめ

① 平均=合計÷個数

② 仮平均に着目すると平均の計算が楽になる場合がある

①平均

日付　月　日(　)

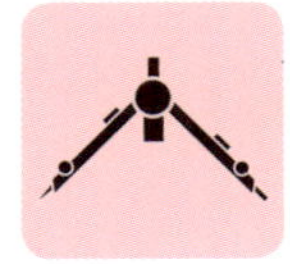

復習ドリル

タイム　分　秒

合計　/100点

基本問題　（目標3分/各10点）

1　10個のたまごの重さからたまご1個の平均の重さを求めましょう。
55 g、60 g、62 g、58 g、54 g、60 g、63 g、65 g、56 g、57 g

2　5人の幅跳びの平均は何mですか。

さとし	たかし	ひろし	たけし	おさむ
3.3m	3.9m	4.0m	4.2m	3.6m

3　210ページの本を30日で読み終わりました。1日平均何ページ読んだでしょう。

4　7日間の入場者数から1日の平均入場者数を求めましょう。

月曜日	火曜日	水曜日	木曜日	金曜日	土曜日	日曜日
120人	40人	70人	59人	91人	160人	230人

5　5回のテストの結果から1回あたりの平均点を求めましょう。

1回目	2回目	3回目	4回目	5回目
76点	89点	0点	60点	40点

6　10日間の気温から1日の平均気温を求めましょう。

	1日	2日	3日	4日	5日	6日	7日	8日	9日	10日
気温(℃)	26	24	22	28	24	25	23	27	25	26

応用問題 （目標2分/各10点）

1 本を1日平均12ページ読みます。7日間では本を何ページ読むことになるでしょうか。

2 AチームとBチームとでは、どちらが平均点が高いですか。

	1回目	2回目	3回目	4回目	5回目
Aチーム	6点	7点	8点	5点	
Bチーム	3点	8点	9点	4点	7点

3 あるクラスの男女の人数と平均体重から、クラス全体の平均体重を求めましょう。

	人数	平均体重
男子	18人	33.2kg
女子	17人	32.8kg

4 10人の平均身長を求めましょう。

	まなぶ	こういち	ひろし	たかあき	けんいち	のぼる	たけし	まさし	たかし	けんじ
身長(cm)	122	132	128	136	134	129	126	133	125	128

解 答

基本問題

1 55+60+62+58+54+60+63+65+56+57=590　590÷10=59　答 59g

2 3.3+3.9+4+4.2+3.6=19　19÷5=3.8　答 3.8m

3 210÷30=7　答 7ページ

4 120+40+70+59+91+160+230=770　770÷7=110　答 110人

5 76+89+0+60+40=265　265÷5=53　答 53点

6 26+24+22+28+24+25+23+27+25+26=250　250÷10=25　答 25℃
（別解）仮平均を20とすると、平均=20+(6+4+2+8+4+5+3+7+5+6)÷10=20+5=25（℃）

応用問題

1 平均=合計÷個数より合計=平均×個数だから、合計ページ数は、12×7=84　答 84ページ

2 Aチームの平均　(6+7+8+5)÷4=6.5（点）
Bチームの平均　(3+8+9+4+7)÷5=6.2（点）　答 Aチーム

3 合計=平均×個数より男子の合計は33.2×18=597.6
女子の体重の合計は32.8×17=557.6　クラス全体の平均体重は、(597.6+557.6)÷35=33.00……
平均体重が上から3桁のがい数なので、クラス全体の平均体重も上から3桁のがい数とします。
答 約33.0kg

4 仮平均を120とすると　平均=120+(2+12+8+16+14+9+6+13+5+8)÷10=129.3　答 129.3cm

第2章
量と測定

2-1
単位量あたりの大きさ

②単位量あたりの大きさ

比較するときに便利な単位量あたりの大きさ

同じ牛肉のパックづめが2種類あります。「120gで300円」と「150gで360円」、どちらがお買い得でしょう。ガソリンの価格表示「ハイオク140円」「レギュラー130円」の価格はどういう意味なのでしょうか。日常生活の中ではたくさんの単位量あたりの大きさが登場します。

重さと金額、長さと重さ、面積と人数がそれぞれちがう量を比べる方法

単位量あたりの大きさ

1kgあたりの金額

1mあたりの重さ

1km^{2}あたりの人口＝人口密度

1Lあたりの走行距離＝燃費

1時間あたりの走行距離＝速さ（時速）

㋐120 g で300円と㋑150 g で360円、どちらがお買い得でしょう。

重さ(g)も金額(円)もちがうのですぐに比べることができません。
そこで、両者の重さ(g)か金額(円)の大きさをそろえることで比べることができます。

単位量
1gあたりの金額を比べる

㋐120g⇔300円
÷120　÷120
1g ⇔300÷120=2.5(円)

㋑150g⇔360円
÷150　÷150
1g ⇔360÷150=2.4(円)←得

1gあたりの金額が安い㋑の方が得

単位量
1円あたりの重さを比べる

㋐300円⇔120g
÷300　÷300
1円 ⇔120÷300=0.4(g)

㋑360円⇔150g
÷360　÷360
1円 ⇔150÷360≒0.42(g)←得

1円あたりの重さが重い㋑の方が得

燃費がいい車はどっち

A車は、レギュラーガソリン満タン50Lで750km走る。
B車は、レギュラーガソリン満タン55Lで715km走る。

単位量
1Lあたりに進む走行距離で燃費を比べる

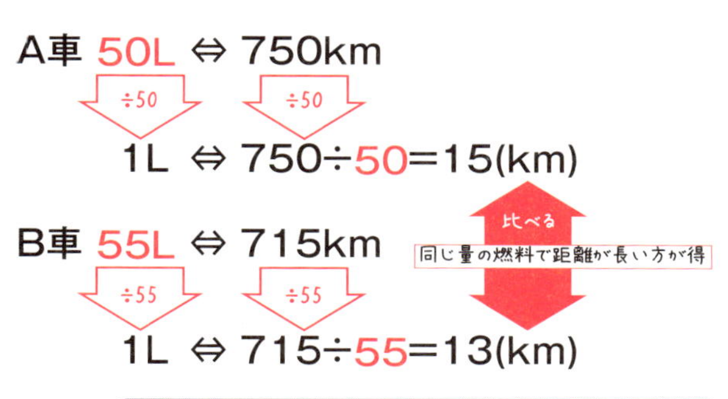

1Lあたりの走行距離が長いA車の方が燃費がいい

人口が密集しているのはどっち

東京都練馬区　人口719109人、面積48.16km²。
東京都中央区　人口142995人、面積10.18km²。
（平成28年のデータ）

単位量
1km²あたりの人口=人口密度を比べる

練馬区 48.16km² ⇔ 719109人
÷48.16　÷48.16
1km² ⇔ 719109÷48.16≒14931(人)

比べる

中央区 10.18km² ⇔ 142995人
÷10.18　÷10.18
1km² ⇔ 142995÷10.18≒14046(人)

人口密度が高い練馬区の方が人口が密集している

まとめ

① 量がちがうものどうしを比べるときに単位量あたりの大きさを使う
② 1gあたりの大きさと1円あたりの大きさというように、2通りの単位量で比べることができる
③ 燃費と人口密度は単位量あたりの大きさで比べることができる

②単位量あたりの大きさ　日付　　月　　日(　)

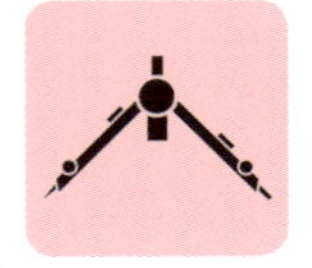

復習ドリル

タイム　　分　　秒

合計　　/100点

基本問題　(目標3分/各10点)

1　どちらがお買い得でしょうか。

㋐　200gで700円の和牛肉

㋑　500gで1500円の和牛肉

2　燃費のいい車はどちらでしょうか。

A車　レギュラーガソリン満タン60Lで1200km走る。

B車　レギュラーガソリン満タン50Lで900km走る。

3　人口が密集しているのはどちらの区でしょうか。

東京都大田区　人口712057人、面積60.42km^2。

東京都港区　　人口243977人、面積20.34km^2。

(平成28年のデータ)

4　ガソリン1Lあたり11.5km走る車があります。

この車は、ガソリン満タン55Lで何km走ることができますか。

5　ボールペンAは7本で560円、ボールペンBは9本で810円です。

1本あたりの値段が安いのはどちらのボールペンですか。

6　金の小売価格は1gあたりの金額です。

小売価格4900円の金を100g買うと金額はいくらですか。

応用問題 （目標2分/各10点）

1 ガソリン1Lで18km走る自動車があります。450km走るには、ガソリンはどれだけ必要でしょうか。

2 $3m^2$の壁をぬるのに0.6Lのペンキが必要です。3Lのペンキでぬることができる面積はどれだけでしょうか。

3 バケツ5杯分の水の体積は7.5Lでした。同じバケツ3杯分の水の体積はどれだけでしょうか。

4 カレーのレシピには「4人分でルー6個」と書かれています。6人分ならルーは何個いりますか。

解答

基本問題

1 ㋐1gあたり700÷200=3.5（円）、㋑1gあたり1500÷500=3（円） 答 ㋑の方がお買い得
2 A車 1Lあたり1200÷60=20（km）、B車 1Lあたり900÷50=18（km） 答 A車の方が燃費がいい
3 大田区 $1km^2$あたり712057÷60.42≒11785（人）、港区 $1km^2$あたり243977÷20.34≒11994
答 港区の方が密集している
4 11.5×55=632.5 答 約632.5km
5 A 1本あたり560÷7=80（円）、B 1本あたり810÷9=90（円） 答 ボールペンAの方が安い
6 4900×100=490000 答 490000円

応用問題

1 450÷18=25 答 約25L
2 1Lで3÷0.6=5（m^2）ぬれるので、3Lでは5×3=15 答 $15m^2$
3 バケツ1杯あたりの水の体積は7.5÷5=1.5（L） 3杯分の水の体積は1.5×3=4.5 答 4.5L
4 1人あたりのルーの個数は6÷4=1.5（個） 6人分では1.5×6=9 答 9個

③単位の換算

たくさんの単位があると必要になるのが単位の換算

短い長さを表すにはミリメートル、長い長さを表すにはキロメートルが便利なように、長さを表すのにいくつもの単位があります。ミリやキロのような基本の単位の前につく言葉と面積・体積・容積の単位の換算になれることがポイント。

基本の単位の前につくキロやミリ

メートル法では大きな量や小さな量を表しやすくするためにキロやミリなどを使います。k（キロ）は1000倍を表すので1kmは1000mを表します。

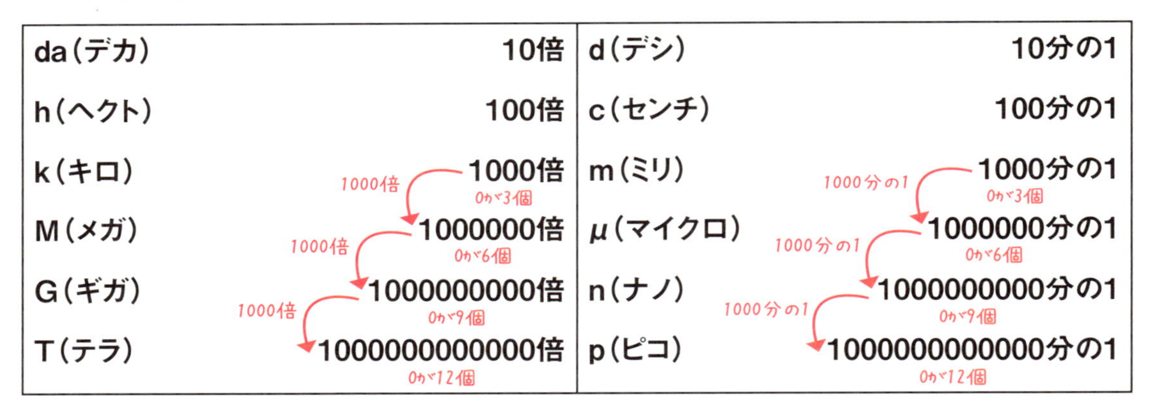

da（デカ）	10倍	d（デシ）	10分の1
h（ヘクト）	100倍	c（センチ）	100分の1
k（キロ）	1000倍（0が3個）	m（ミリ）	1000分の1（0が3個）
M（メガ）	1000000倍（0が6個）	μ（マイクロ）	1000000分の1（0が6個）
G（ギガ）	1000000000倍（0が9個）	n（ナノ）	1000000000分の1（0が9個）
T（テラ）	1000000000000倍（0が12個）	p（ピコ）	1000000000000分の1（0が12個）

（各段の間に「1000倍」「1000分の1」の矢印）

長さ　メートルのなかま

メートルを基準にして、長い長さにキロメートル、短い長さにセンチメートルとミリメートルがあります。単位どうしが何倍なのか、何分の一なのかをおさえましょう。

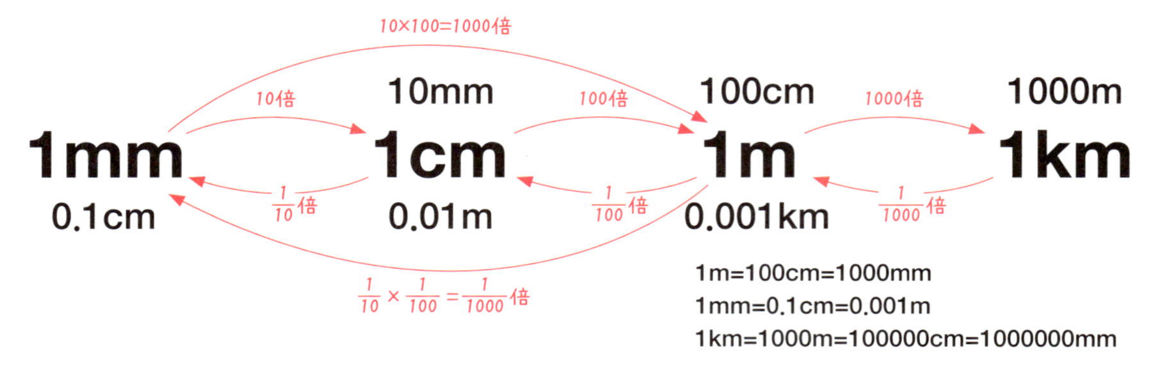

面積の単位換算

面積の単位は、正方形の1辺の長さと面積の関係が大切です。1辺の長さが10倍になると面積は10 × 10=100（倍）になります。

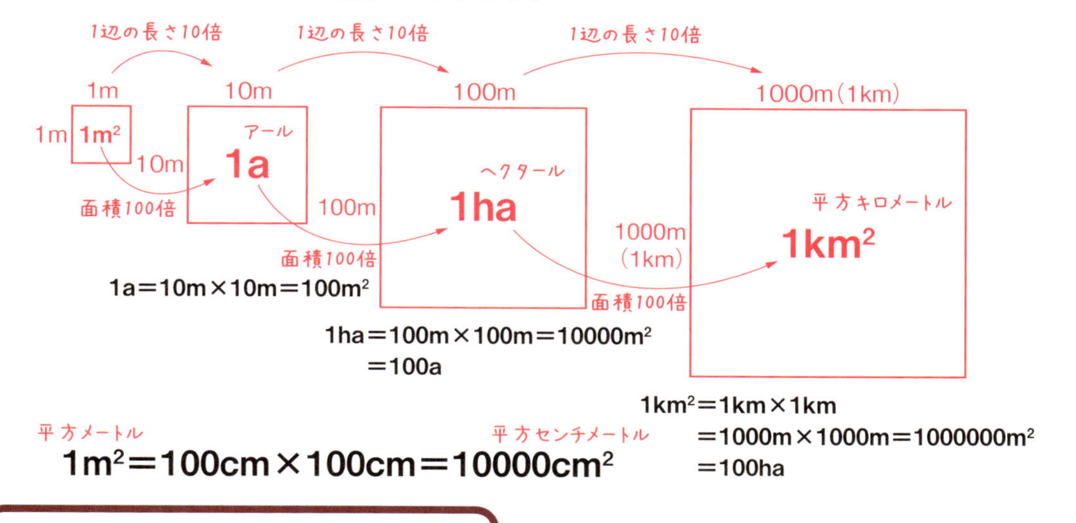

平方メートル　　平方センチメートル

$1m^2 = 100cm \times 100cm = 10000cm^2$

水の体積の単位換算

2つの水の体積（容積）の単位「立方センチメートル」「リットル」の関係が大切です。1Lは1辺の長さが10cmの立方体の体積です。したがって、$1cm^3$ = 1mL。

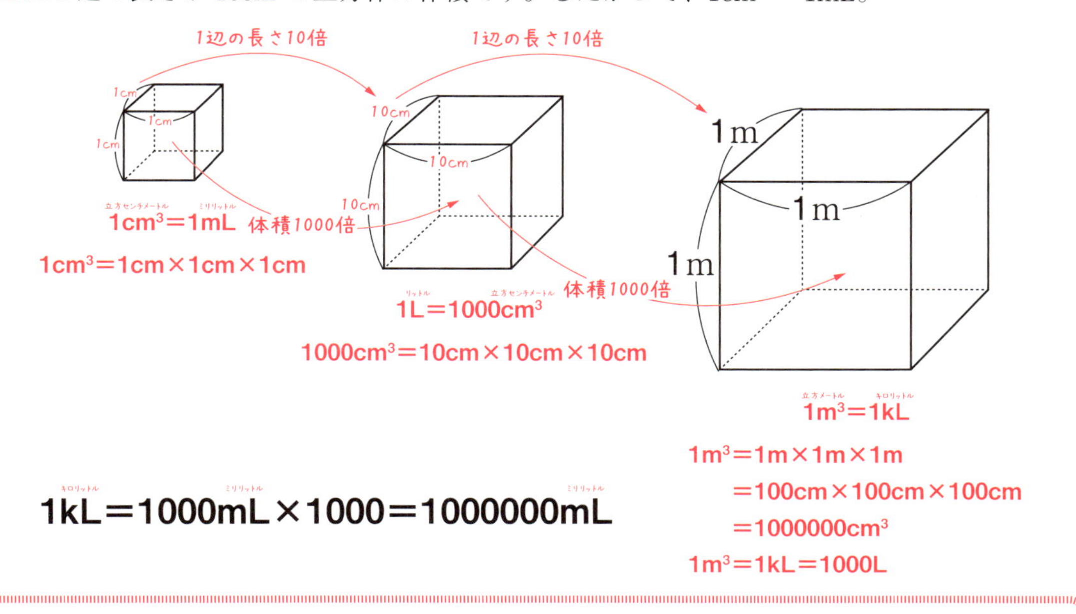

キロリットル　ミリリットル　ミリリットル

1kL=1000mL×1000=1000000mL

まとめ

① キロ、メガ、ギガ、テラは1000倍ずつ。ミリ、マイクロ、ナノ、ピコは1000分の1ずつ
② 面積の単位はm^2、a、ha、km^2は1辺の長さが10倍ずつ
③ 体積の単位は$1cm^3$=1mLが基本

③単位の換算

日付　月　日(　)

復習ドリル

タイム　分　秒

合計　/100点

基本問題 （目標3分/各10点）

1 3.7kmは何mですか。

2 2kmは何cmですか。

3 4.3haは何m^2ですか。

4 4000aは何km^2ですか。

5 5.2Lは何cm^3ですか。

6 $3m^3$は何Lですか。

応用問題　（目標2分/各10点）

① 32mは何kmですか。

② 98000cm^2は何m^2ですか。

③ 600aは何km^2ですか。

④ 200ccは何m^3ですか。

解　答

基本問題

① 3700m
② 200000cm
③ 43000m^2
④ 0.4km^2
⑤ 5200cm^3
⑥ 3000L

応用問題

① 0.032km
② 9.8m^2
③ 0.06km^2
④ 0.0002m^3

第2章
量と測定

2-2
速さと時間と道のり

①時間・道のり・速さ

速さ＝道のり÷時間がポイント

速さは単位時間あたりの移動した道のりのことです。時間には秒・分・時、道のりにはメートル・キロメートルなどいくつかの単位があるので、速さの単位は何種類にもなります。速さを考える場合には、時間と道のりの単位に注意しましょう。

3つの速さ　秒速・分速・時速

自動車の速さには時速、人の歩く速さには分速、風速には秒速が用いられるように、3つの速さは使い分けられます。

速さ＝単位時間あたりに進む道のり

1秒間　10m ⇨ 秒速10m

1分間　250m ⇨ 分速250m

1時間　60km ⇨ 時速60km

秒速・分速・時速の表し方

速さの表し方に次の3つがあります。

秒速10m＝10m毎秒＝10m／秒

分速250m＝250m毎分＝250m／分

時速60km＝60km毎時＝60km／時

秒速・分速・時速の換算

2つの速さを比べるときには、秒速・分速・時速を同じものに統一する必要があります。秒速・分速・時速の関係を理解しましょう。

秒速10m→分速?m

1秒→10m

1分=60秒→10m×60秒=600m

答 分速600m　**分速=秒速×60**

時速60km→分速?km

1時間=60分→60km

1分→60km÷60分=1km

答 分速1km　**分速=時速÷60**

道のり・時間・速さの関係

「速さは単位時間あたりに進む道のり」という関係は、「速さ=道のり÷時間」と表すことができます。この関係は、「道のり=速さ×時間」「時間=道のり÷速さ」といいかえることもできます。これら3つの関係式を使って様々な問題を解くことができます。計算では、時間や道のりの単位を合わせることに注意します。

速さ=道のり÷時間 → **道のり=速さ×時間**、**時間=道のり÷速さ**

100kmの距離を2時間で移動したときの速さは時速何kmですか。

速さ=道のり÷時間　100km÷2時間=時速50km　答 時速50km

分速10mで1時間移動したときの道のりは何mですか。

道のり=速さ×時間

分速10m×1時間=分速10m×60分=600m　答 600m

時間の単位を分に合わせる

500mを分速10mで移動したときにかかる時間は何分ですか。

時間=道のり÷速さ　500m÷分速10m=50分　答 50分

まとめ

① 3つの速さの秒速・分速・時速の意味をおさえる
② 3つの速さの表し方　時速□km=□km毎時=□km/時
③ 速さ=道のり÷時間→道のり=速さ×時間、時間=道のり÷速さ

①時間・道のり・速さ

日付　　月　　日(　)

復習ドリル

タイム　　分　　秒

合計　　/100点

基本問題

（目標3分/各10点）

1 120mを10秒間で進んだときの秒速を求めましょう。

2 510mを3分間で進んだときの分速を求めましょう。

3 250kmを5時間で進んだときの時速を求めましょう。

4 自転車で18kmの道のりを1時間30分で走りました。この自転車の速さは分速何mですか。

5 音は空気中を秒速340mで伝わります。5秒で何m先まで伝わりますか。

6 車が時速50kmで200kmの道のりを進むのに何時間かかりますか。

応用問題 （目標2分/各10点）

1 車が時速50kmで180kmの道のりを進むのにかかった時間を求めましょう。

2 時速108kmで走る自動車の秒速は何mですか。

3 100mを9秒で走るスプリンターの速さはおよそ時速何kmですか。整数で求めましょう。

4 秒速20mの風速は時速何kmでしょう。

解　答

基本問題

1 120÷10＝12 答 秒速12m

2 510÷3＝170 答 分速170m

3 250÷5＝50 答 時速50km

4 18÷90＝0.2 答 分速200m

5 340×5＝1700 答 1700m

6 200÷50＝4 答 4時間

応用問題

1 180÷50＝3.6 答 3時間36分

2 1時間＝3600秒　108÷3600＝0.03 答 秒速30m

3 100÷9≒11.1　11.1×3600＝39960 答 およそ時速40km

4 20×3600＝72000 答 時速72km

第2章
量と測定

2-2
速さと時間と道のり

②旅人算

歩く速さのちがう2人の旅人が出会うのはいつ？

自動車がなかった江戸時代、旅といえば歩きでした。江戸と京都を2人が歩いて旅をする風景から生まれたのが旅人算です。2人の旅人が反対方向に歩いて出会う場合を「出会い算」、同じ方向に歩いて追いつく場合を「追いかけ算」と呼んで区別することにします。

天保2年（1831年）の旅人算　【出会い算】

江戸時代、数学は大いに盛り上がりました。庶民から大名・将軍まで、子どもから大人まで、老若男女を問わず、数学の問題を解くこと、新しい問題をつくることに熱中していました。江戸時代の数学は和算と呼ばれます。天保2年（1831年）の数学書『算法稽古図会大成』の中に旅人算が紹介されています。

京都から江戸に下る人（甲）は、1日に7里半歩きます。江戸から京都に上る人（乙）は1日に12里半歩きます。この2人が同じ日に出発したとすると、それぞれ何里ずつ歩いたときに出会うでしょうか。京都から江戸までの道のりは120里とします。（出典：『算法稽古図会大成』）

出会い算のポイント

向かい合って進む2人が1日に歩く道のりの和＝**速さの和**＝1日に近づく道のり

甲と乙は1日に7.5＋12.5＝20（里）近づきます。2人が出会うには

120÷20＝6（日）

かかる。6日間で歩いた道のり

甲:7.5×6＝45（里）

乙:12.5×6＝75（里）

1里＝約4km

答 甲が45里、乙が75里歩いたときに出会う

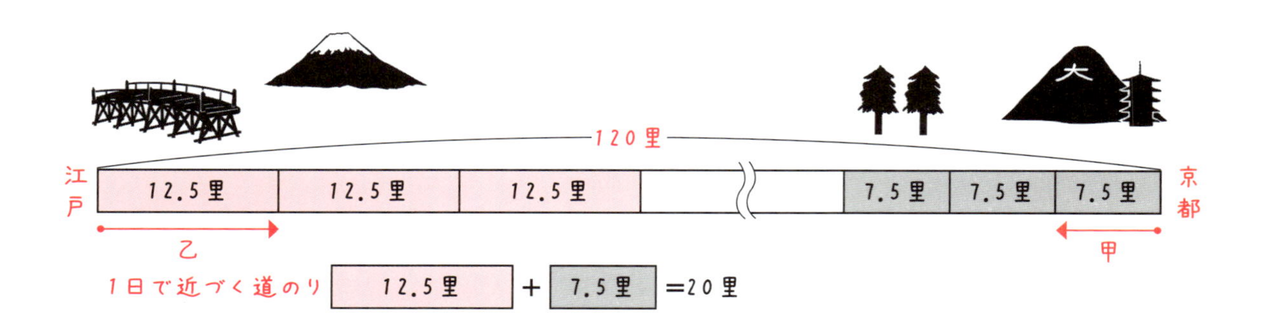

弥次さんを喜多さんが追いかける旅人算　【追いかけ算】

1日に7里歩く弥次さんを、1日に21里走る馬に乗った喜多さんが追いかけます。最初に98里離れていたとして、この2人が同じ日に出発したとすると、喜多さんが弥次さんに追いつくのは何日後でしょうか。

追いかけ算のポイント

同じ向きに進む2人が1日に進む道のりの差=**速さの差**=1日に近づく道のり

弥次さんと喜多さんは1日に21−7=14（里）近づきます。2人が出会うのは

98÷14=7（日）

答 7日後に出会う

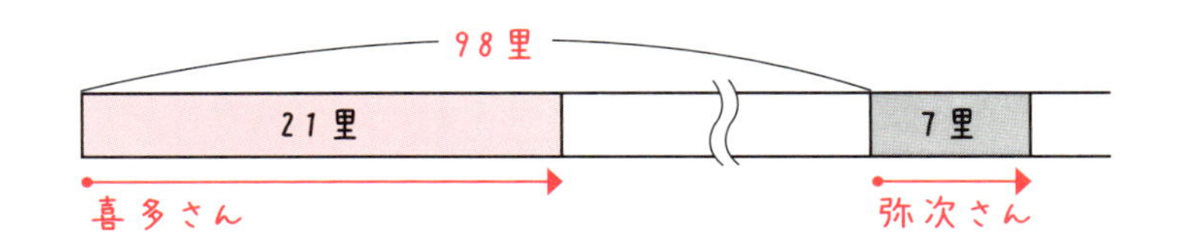

池の周りをまわる兄弟の問題　【出会い算】

江戸時代の数学の問題は現実的な問題が基本です。なぜ兄弟が池の周りをまわるのかという謎はおいておいて、現代では旅人算の定番の問題です。

1周1200mの池の周りを兄と弟が同じ地点から同時に反対方向に出発してまわります。兄は分速100m、弟は分速50mの速さで進むとき、2人が出会うのは出発して何分後でしょうか。

出会い算のポイント

向かい合って進む2人が1分間に進む道のりの和=**速さの和**=1分間に近づく道のり

2人が出会うときは2人合わせて池1周分の1200m進んだときです。

兄と弟は1分間に100+50=150（m）近づきます。

1200÷150=8（分）

答 兄と弟は8分後に出会う

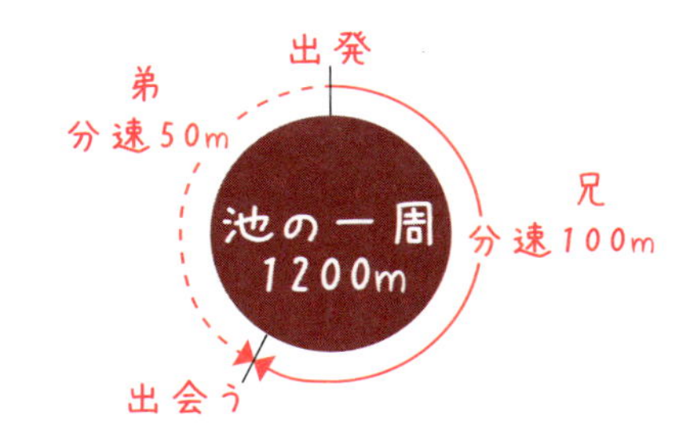

まとめ

① 旅人算には2人の進む向きで出会い算と追いかけ算がある
② 出会い算　速さの和
③ 追いかけ算　速さの差

第2章
量と測定

2-2
速さと時間と道のり

③流水算
川の流れの速さ

旅人算は地上を進む2人の問題です。地上ではなく川の上を進むのが流水算です。進むのは人にかわって船になります。流水算では船の静水時の速さに加えて、川の流れる速さを考える必要があります。船が川を上るのか下るのかによって速さが変わるからです。

流水算　時間を求める問題

時速20kmの速さ（静水時）で進む船があります。川の流れの速さが時速5kmのとき、150km下るのに何時間かかりますか。

下流に向かう船の速さには川の流れが加わる

船が川を下る場合の速さ　＝　船の速さ　＋　川の流れの速さ

川が流れていないときの速さ

船が川を上る場合の速さ　＝　船の速さ　－　川の流れの速さ

上流に向かう船は川の流れに逆らう

時速20kmの船の速さとは川が流れていない（静水時）場合に1時間に20km進むということです。川の流れが時速5kmということは、船は自ら進まなくても1時間に5km下流に流されるということです。

船は川を下るので、もともとの船の速さに川の流れの速さが加わって、船は1時間に

20+5=25（km）

進みます。時速25kmで150km進むのにかかる時間は、

150÷25=6（時間）

答 6時間かかる

流水算　距離を求める問題

時速20kmの速さ（静水時）で進む船があります。川の流れの速さが時速5kmのとき、2時間川を上りました。進んだ距離は何kmでしょうか。

船は川を上るので、静水時の船の速さは川の流れの速さの分だけ戻されます。船は1時間に

20−5=15（km）

進みます。時速15kmで2時間に進む距離は、

15×2=30（km）

答 30km進む

流水算　2艘の船が反対方向に進む　【出会い算】

川の流れの速さは時速 3km です。100km 離れた上流と下流の 2 つの村から同時にお互いの村に向けて船を出発させました。静水時の船の速さはともに時速 5km です。2 艘の船は何時間後に出会うでしょうか。

下流に向かう船は、川の流れの速さが加わります。船は1時間に

5+3=8(km)

進みます。上流に向かう船は、川の流れに逆らうので、船は1時間に、

5−3=2(km)

進みます。

出会い算のポイント

向かい合って進む2艘が1時間に進む距離の和＝**速さの和**

2艘の船が1時間に進む距離は

8+2=10(km)

です。時速10kmで100kmを進む時間は

100÷10=10(時間)

答 10時間後

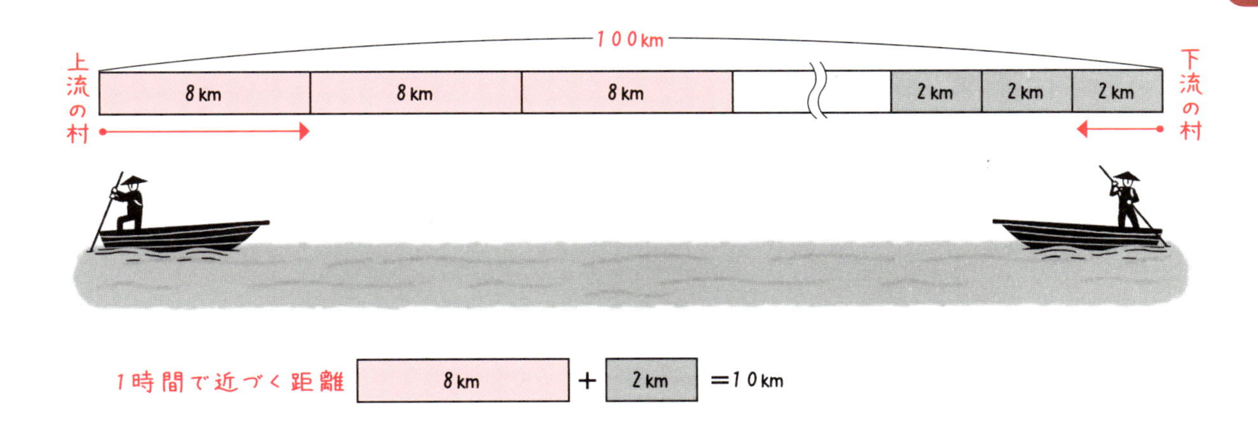

まとめ

① 流水算では船の速さに川の流れの速さをたすかひく
② 2艘の船の流水算は、2艘の船の【出会い算】を考える

第2章 量と測定　2-2 速さと時間と道のり

②旅人算　③流水算

日付　　月　　日(　)

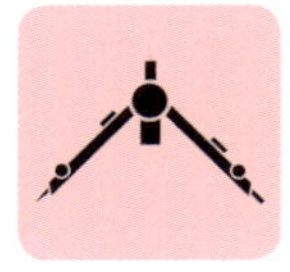

復習ドリル

タイム　　分　　秒

合計　　/100点

基本問題　（目標3分/各10点）

1 京都から江戸に下る人（甲）は、1日に5里半歩きます。江戸から京都に上る人（乙）は1日に6里半歩きます。この2人が同じ日に出発したとすると、2人が出会うのは何日後でしょうか。京都から江戸までの道のりは120里とします。

2 1日に8里歩く弥次さんを、1日に25里走る馬に乗った喜多さんが追いかけます。最初に102里離れていて、この2人が同じ日に出発したとすると、喜多さんが弥次さんに追いつくのは何日後でしょうか。

3 1周900mの池の周りを兄と弟が同じ地点から同時に反対方向に出発してまわります。兄は分速90m、弟は分速60mの速さで進むとき、2人が出会うのは出発して何分後でしょうか。

4 静水時に時速30kmの速さで進む船があります。川の流れの速さが時速3kmのとき、165km下るのに何時間かかりますか。

5 静水時に時速15kmの速さで進む船があります。川の流れの速さが時速3kmのとき、4時間川を上りました。進んだ距離は何kmでしょうか。

6 川の流れの速さは時速2kmです。126km離れた上流と下流の2つの村から同時にお互いの村に向けて船を出発させました。静水時の船の速さはともに時速7kmです。2艘の船は何時間後に出会うでしょうか。

応用問題　（目標2分/各10点）

1　1200m離れた2つの町に兄弟がいます。兄弟はそれぞれの町に向かって同時に出発します。歩く速さは兄が分速100m、弟が分速50mです。兄弟は何分後に出会うでしょうか。

2　弟は7時30分に家を出発し、兄は7時40分に家を出発し登校しました。兄が弟に追いつくのは何時何分でしょうか。歩く速さは弟が分速60m、兄が分速90mです。

3　池の周りを1周するのにかかる時間は、兄は10分、弟は15分です。兄弟が同じ地点から同時に反対方向に池の周りをまわり始めると、何分後に2人は出会うでしょうか。

4　船が川を30km下るのには3時間かかり、20km上るには4時間かかりました。この船の静水時の速さと川の流れの速さは時速何kmでしょうか。

解　答

基本問題

1　1日に5.5+6.5=12（里）近づく。120÷12=10（日）　答 10日後
2　1日に25-8=17（里）近づく。102÷17=6（日）　答 6日後
3　1分間に90+60=150（m）近づく。900÷150=6（分）　答 6分後
4　1時間に30+3=33（km）進む。165÷33=5（時間）　答 5時間
5　1時間に15-3=12（km）進む。12×4=48（km）　答 48km
6　2艘の船は1時間で（7+2）+（7-2）=14km近づく。126÷14=9（時間）　答 9時間後

応用問題

1　1分間に2人は100+50=150（m）近づく。1200mを分速150mで進む時間は1200÷150=8（分）
答 8分後

2　弟は10分間兄より先に進んでいるので、60×10=600（m）
1分間で2人の距離は90−60=30（m）縮まるので、600÷30=20（分）
20分後に追いつくので7時40分+20分=8時　答 8時

3　仮に池の周りの長さを1kmとしてみます。兄は1kmを10分で進むので、速さは分速$\frac{1}{10}$km、弟は分速$\frac{1}{15}$km。2人は反対方向に進むので1分間に$\frac{1}{10}+\frac{1}{15}=\frac{3}{30}+\frac{2}{30}=\frac{5}{30}=\frac{1}{6}$(km) ずつ近づくことになります。1kmを分速$\frac{1}{6}$kmで進むのにかかる時間は$1\div\frac{1}{6}=6$（分）　答 6分後に出会う

4　船が川を下る場合の速さ＝船の速さ＋川の流れの速さより30÷3=10（km／時）
船が川を上る場合の速さ＝船の速さ－川の流れの速さより20÷4=5（km／時）
船の速さは　(10+5)÷2=7.5（km／時）
川の流れの速さは　(10−5)÷2=2.5（km／時）
答 船の速さは時速7.5km、川の流れの速さは時速2.5km

第3章
図形

3-1
平面図形

①四角形

ひし形はどんな四角形？　平行四辺形とのちがいは？

四角形の種類（正方形・長方形・平行四辺形・台形・ひし形）とそれぞれの面積の求め方をマスターしましょう。実際に図形を描いてみることがポイント。図形を描く作業を通して、作図の順序という大切な情報を実感することができます。

正方形・長方形・平行四辺形・台形・ひし形

4つの辺と4つの頂点からなる図形が四角形です。辺と角度に着目することで四角形が分類できます。

正方形

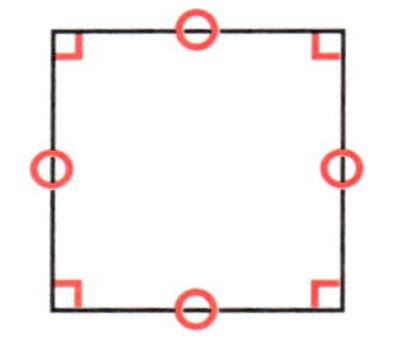

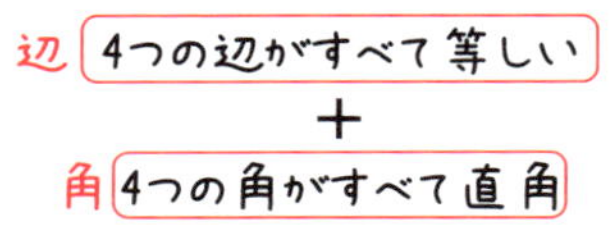

長方形

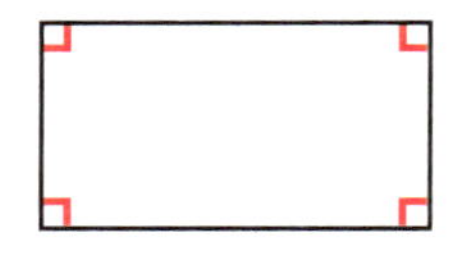

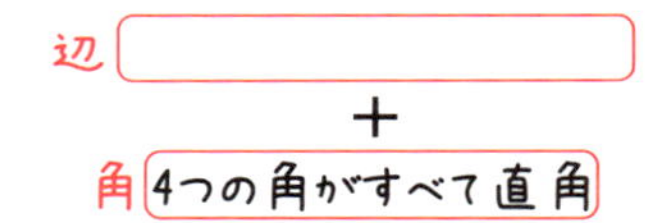

平行四辺形

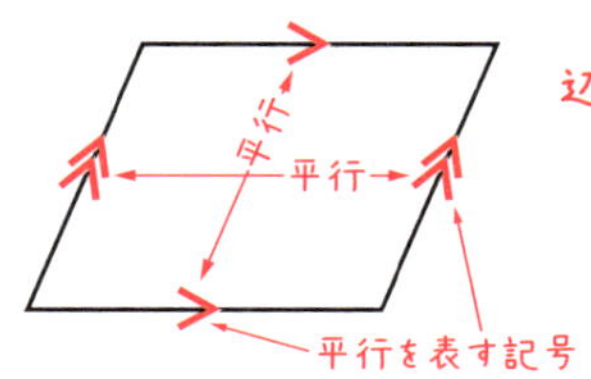

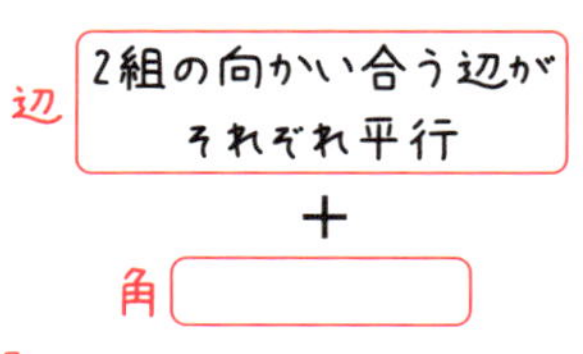

台形

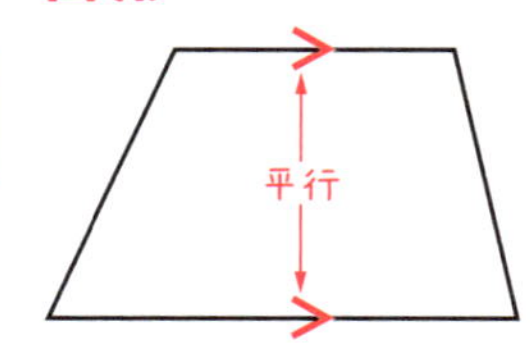

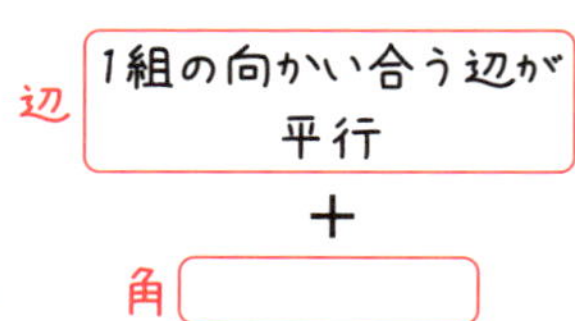

ひし形

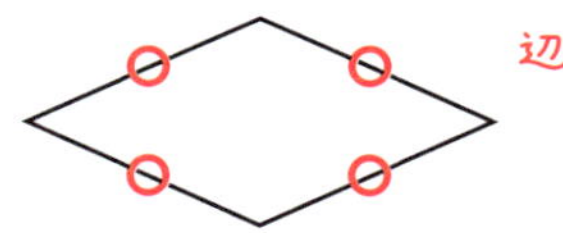

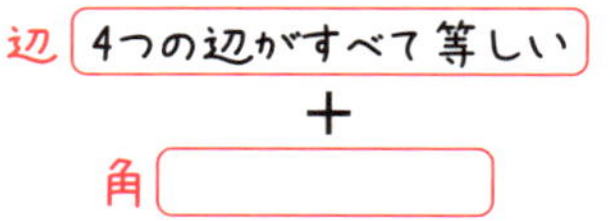

正方形・長方形・平行四辺形・台形・ひし形の面積

5つの四角形の面積を求める公式。

正方形

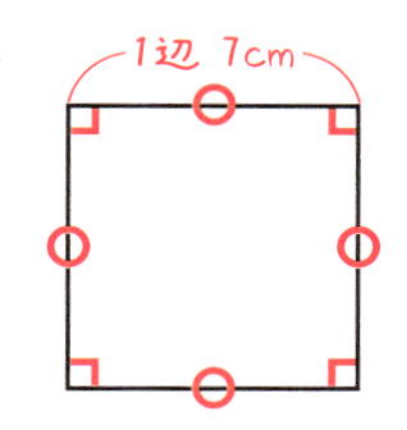

正方形の面積＝1辺×1辺

7×7＝49　答 49cm²

長方形

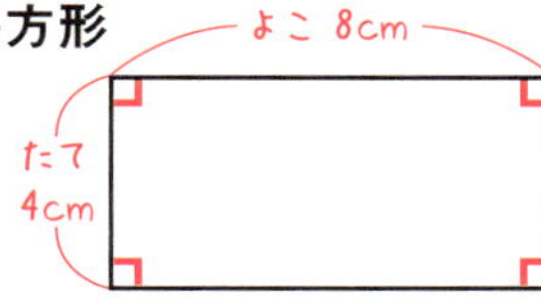

長方形の面積＝たて×よこ

4×8＝32　答 32cm²

平行四辺形

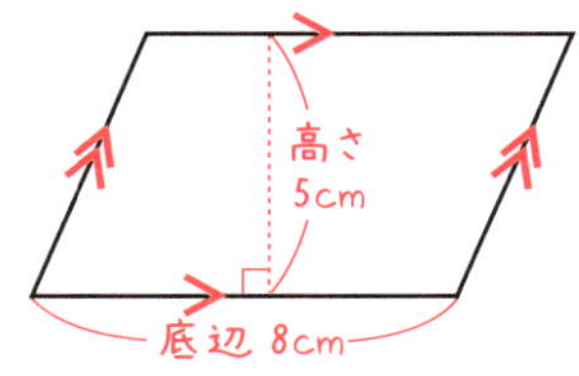

平行四辺形の面積＝底辺×高さ

8×5＝40　答 40cm²

台形

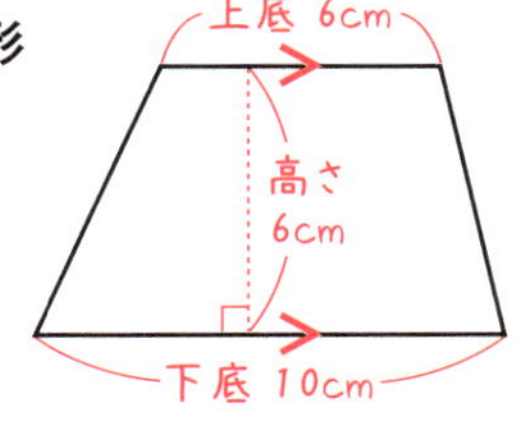

台形の面積＝(上底＋下底)×高さ÷2

(6＋10)×6÷2＝48　答 48cm²

ひし形

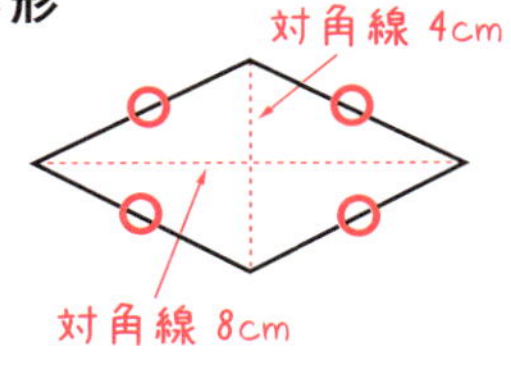

ひし形の面積＝対角線×対角線÷2

8×4÷2＝16　答 16cm²

まとめ

① 5つの四角形のちがいを辺と角に着目しておさえよう
② 5つの四角形の面積を求める公式は、計算することでマスターしよう

①四角形

日付　　月　　日(　)

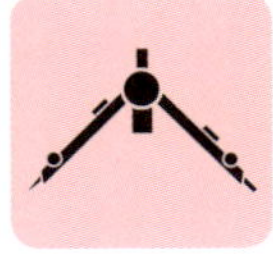

復習ドリル

タイム　　分　　秒

合計　　/100点

基本問題　(目標3分/各10点)

1 ［　　　　］には、正方形・長方形・平行四辺形・台形・ひし形のどれが入りますか。あてはまるものをすべて求めましょう。

4つの角がすべて直角の四角形は［　　　　］です。

次の四角形の面積を求めましょう。

2 正方形

12cm

3 長方形

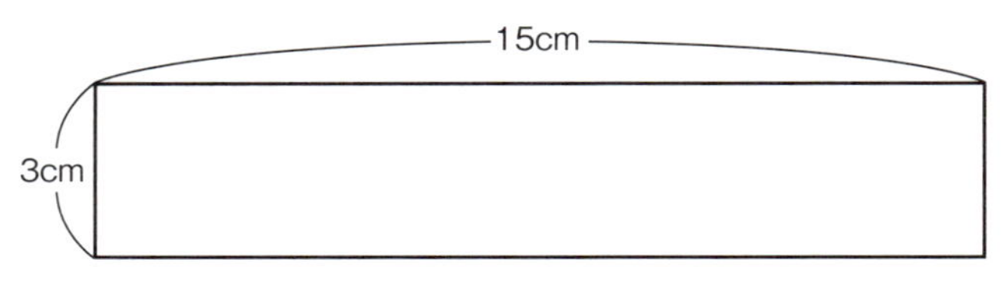

4 平行四辺形

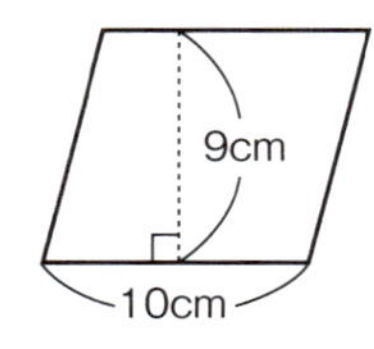

5 台形

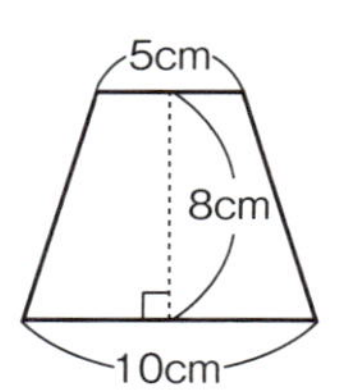

6 ひし形

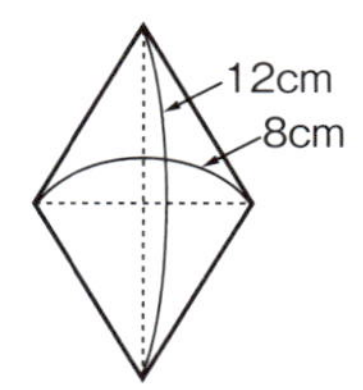

応用問題 （目標2分/各10点）

1 ［　　　　］には、正方形・長方形・平行四辺形・台形・ひし形のどれが入りますか。あてはまるものをすべて求めましょう。

2組の向かい合う辺の長さがそれぞれ等しい四角形は
［　　　　　　　　　　］です。

2 平行四辺形の面積を求めましょう。

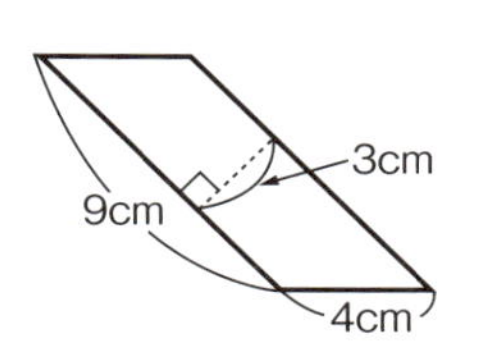

3 斜線部分の面積を求めましょう。

4 斜線部分の面積を求めましょう。

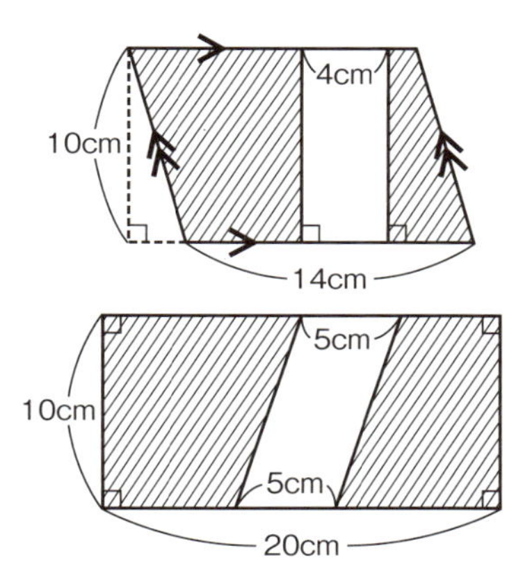

解　答

基本問題

1 正方形と長方形

2 12×12=144　答 144cm²

3 3×15=45　答 45cm²

4 10×9=90　答 90cm²

5 (5+10)×8÷2=60　答 60cm²

6 12×8÷2=48　答 48cm²

応用問題

1 正方形、長方形、平行四辺形、ひし形

2 9×3=27　答 27cm²

3 平行四辺形の面積は、14×10=140 (cm²)、平行四辺形の中の長方形の面積は、10×4=40 (cm²)
140−40=100　答 100cm²

4 長方形の面積は、10×20=200 (cm²)、長方形の中の平行四辺形の面積は、5×10=50 (cm²)
200−50=150　答 150cm²

第3章
図形

3-1
平面図形

②三角形・多角形

直角二等辺三角形はどんな形？

三角形の種類も四角形と同じように、辺と角に着目することがポイント。三角形の面積の求め方は四角形の場合とはちがい、基本1つだけ。五角形・六角形といった多角形の内角の和は三角形に分けることでわかります。

正三角形・二等辺三角形・直角三角形・直角二等辺三角形

3つの辺と3つの角。

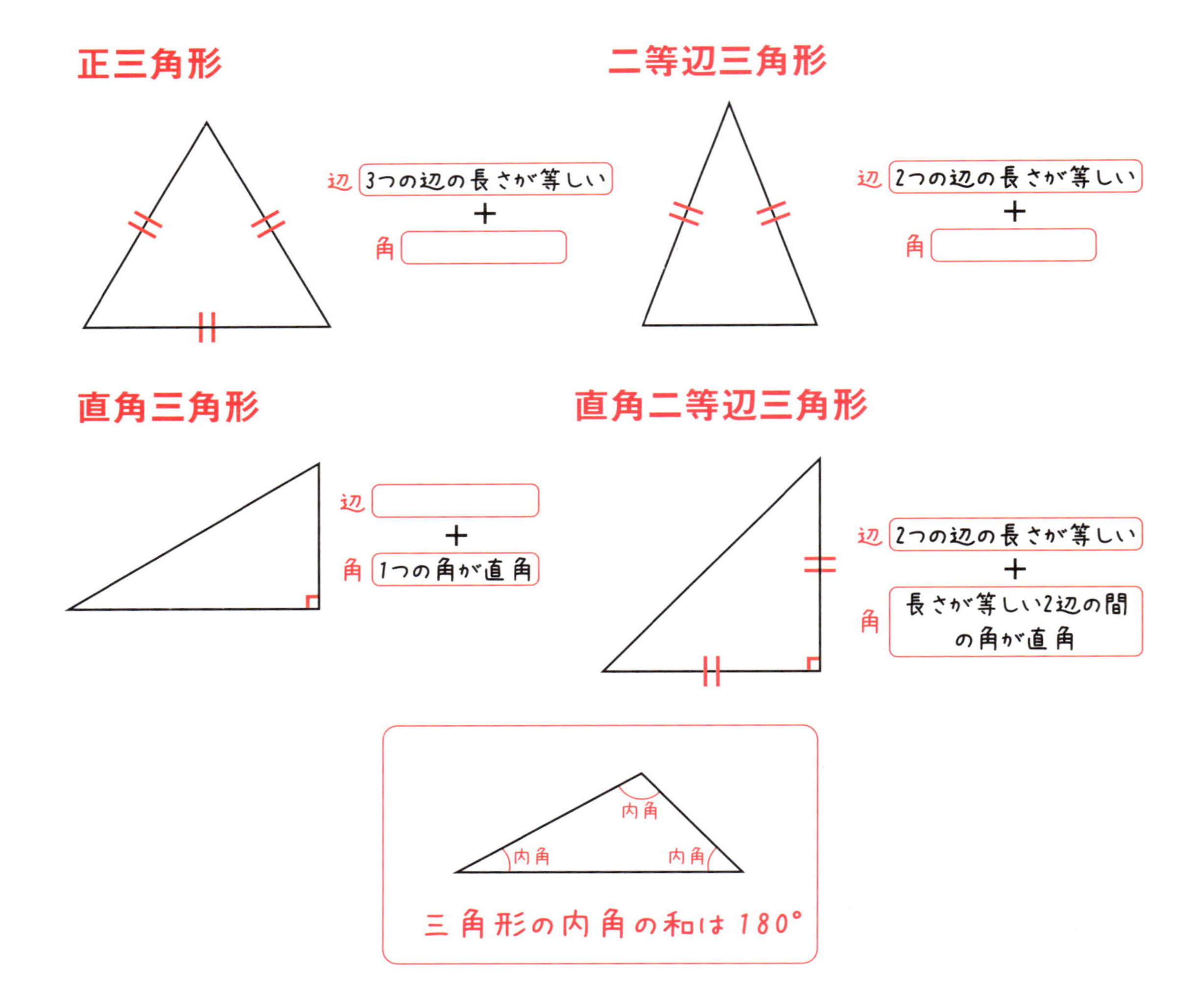

三角形の面積

三角形の面積の公式は、底辺×高さ÷2。

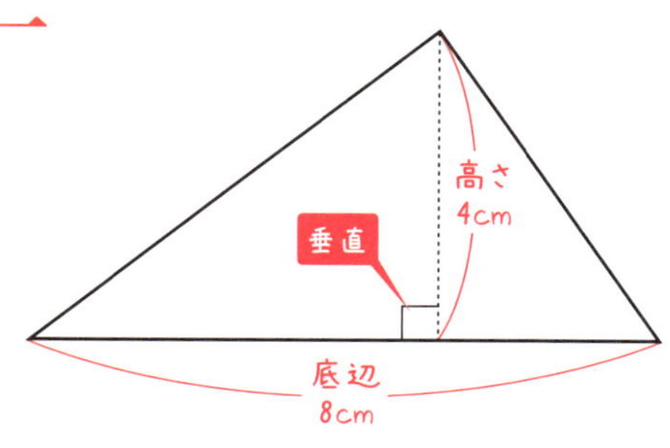

三角形の面積＝底辺×高さ÷2

8×4÷2＝16　答 16cm²

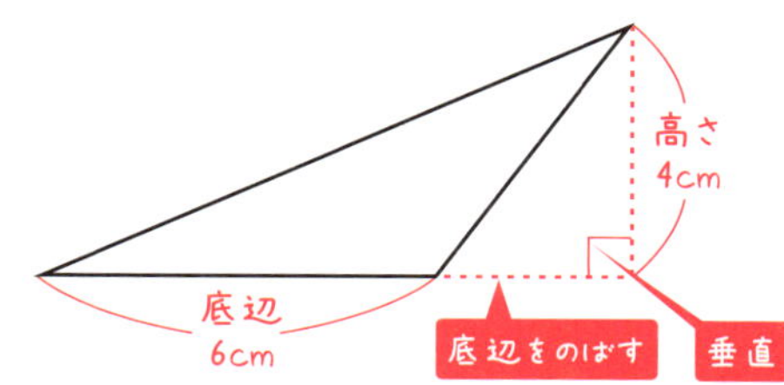

三角形の面積＝底辺×高さ÷2

必ず垂直

6×4÷2＝12　答 12cm²

多角形の内角の和

四角形、五角形、六角形、……のような多角形は三角形に分けることができる。

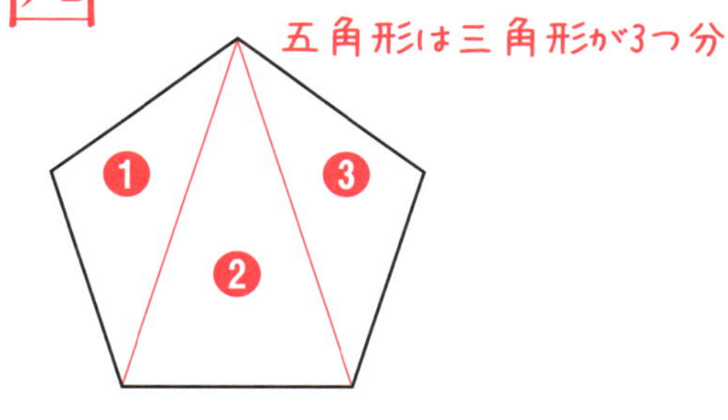

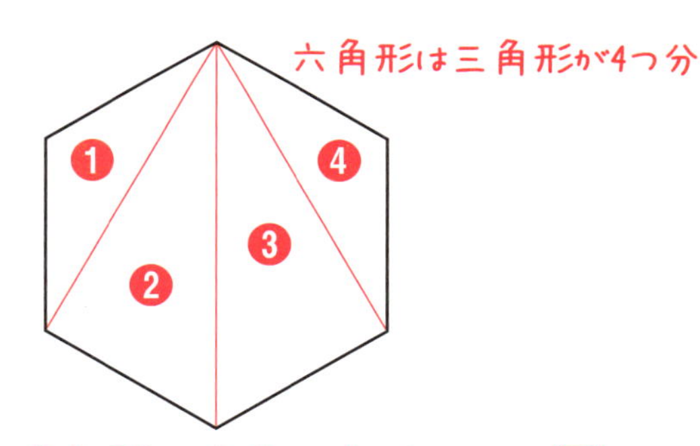

五角形の内角の和は180°×3＝540°（五－2）

六角形の内角の和は180°×4＝720°（六－2）

どんな多角形も三角形に分けられる
三角形の数は、辺（頂点）の数から２をひいた数

△角形の内角の和は180°×(△－2)

まとめ

① 三角形の分類は4種類
② 三角形の面積の求め方のポイントは、垂直に交わる底辺と高さを見つけること
③ 多角形は三角形に分けることができる

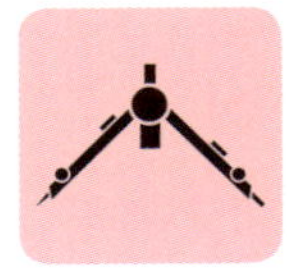

復習ドリル

タイム　　分　　秒

合計　　/100点

基本問題 （目標3分/各10点）

次の三角形の名前は何でしょう。

1

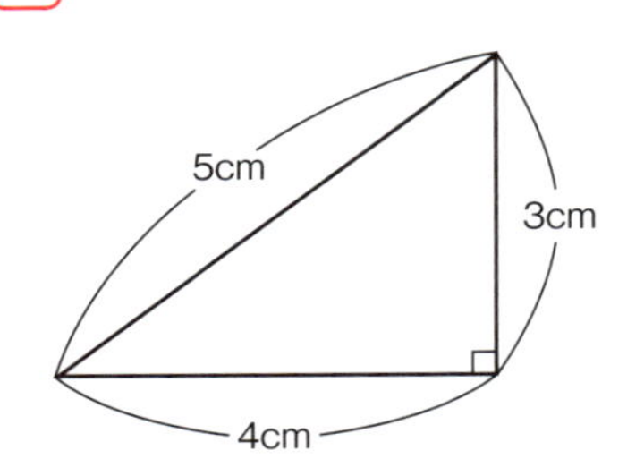

2

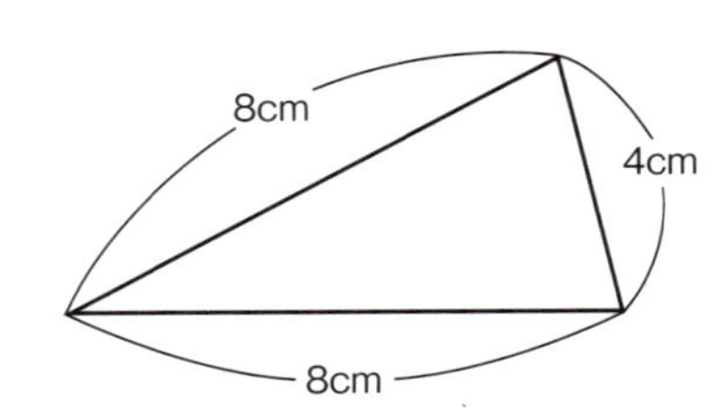

3

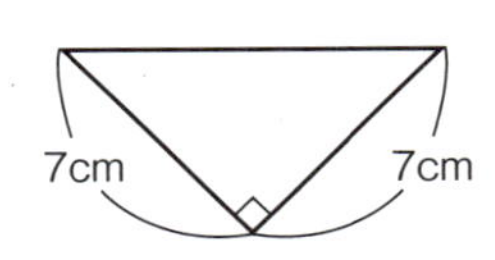

4

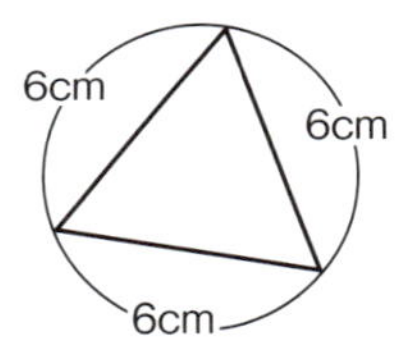

次の三角形の面積を求めましょう。

5

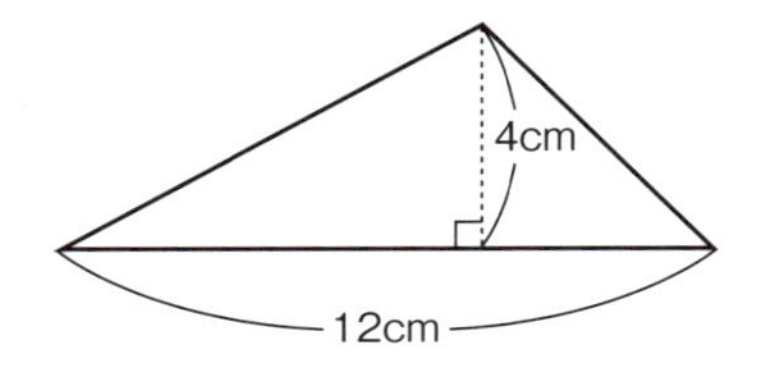

6

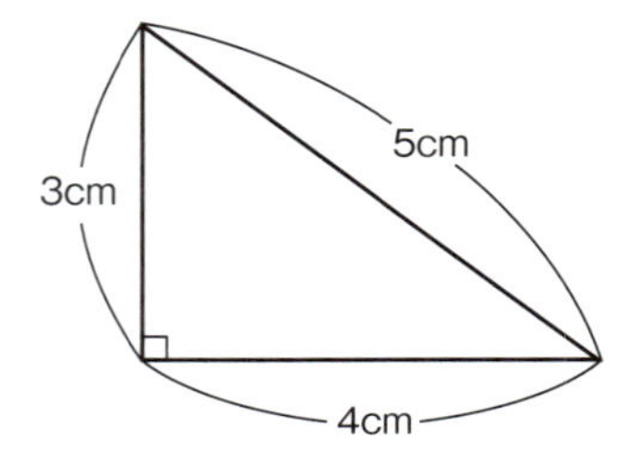

応用問題　（目標2分/各10点）

次の三角形の面積を求めましょう。

1

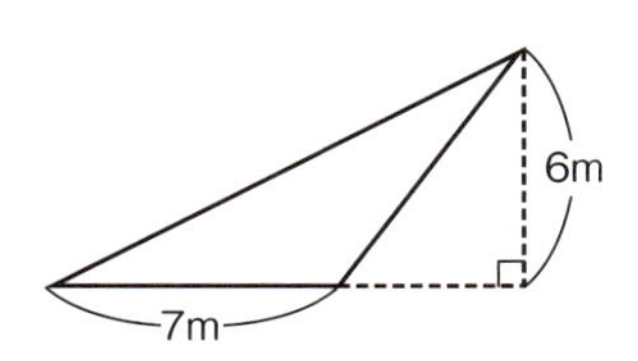

2

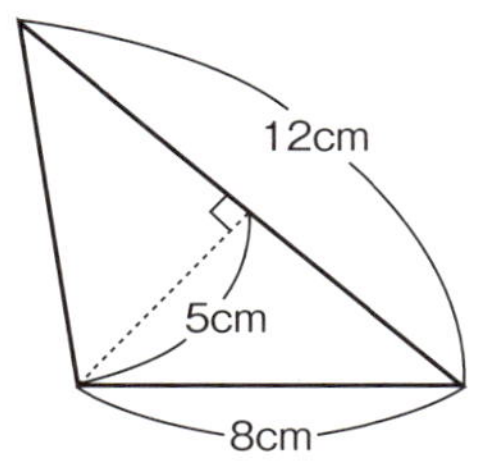

次の斜線部分の面積を求めましょう。

3

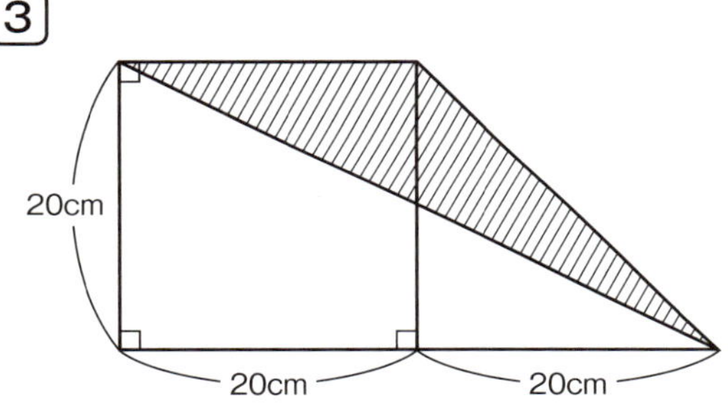

4

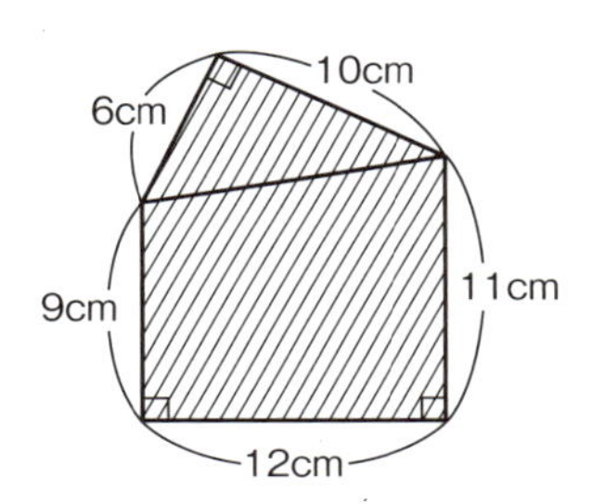

解答

基本問題

1 直角三角形

2 二等辺三角形

3 直角二等辺三角形

4 正三角形

5 12×4÷2=24　答 24cm²

6 4×3÷2=6　答 6cm²

応用問題

1 7×6÷2=21　答 21m²

2 12×5÷2=30　答 30cm²

3 三角形の面積＝底辺×高さ÷2より
20×20÷2＝200　答 200cm²

4 直角三角形の面積は6×10÷2＝30
台形の面積は（11+9）×12÷2＝120
よって、五角形の面積は30+120＝150　答 150cm²

第3章
図形

3-1
平面図形

③円

円周の長さと円の面積の計算に必要な円周率3.14

円周率とは何か。円周率という言葉は、円周＋率。率は比率のことなので、2つの量の比。では、円周と何の比か？　直径です。だから、円周と直径の比率。これを縮めた言葉が円周率。使わないと忘れてしまうのでときどき思い出すようにしましょう。

円の中心・半径・直径・円周

円とは、ある定点から等距離にある点の軌跡。コンパスを用いて円を描くことができます。円について用語と意味をおさえましょう。

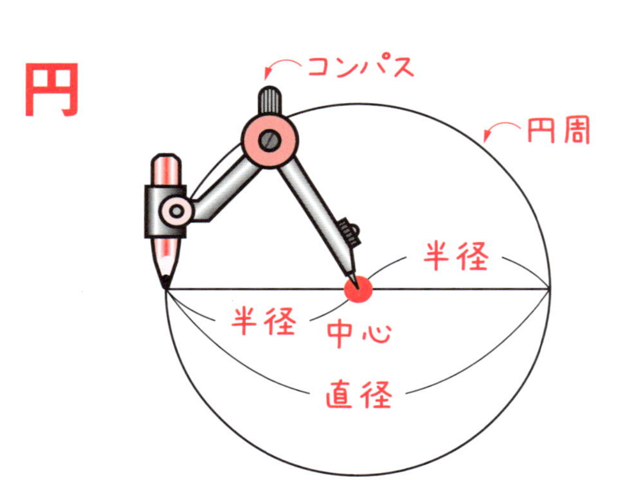

中心：円の真ん中の点
直径：中心を通り円周から円周までの線分
半径：中心から円周までの線分
円周：円のまわり

なぜ直径・半径はこう呼ぶの？
径(みち)はまっすぐに結ぶ道(みち)という意味の漢字
中心を通り円周から円周までまっすぐに結んだ道という意味が直径
直径の半分という意味で半径

円周の長さ

円周と直径の比率、つまり円周を直径でわった値は、直径が小さい円でも大きい円でも約3.14になります。この比率のことを円周率といい、数学では記号でπ（パイ）と表します。

円周率＝3.14159265……→約3.14

小数点以下無限につづく数

算数では、円周率を3.14として計算します

円周率の意味

円周率＝円周÷直径 ➡ 円周＝直径×円周率
＝直径×3.14

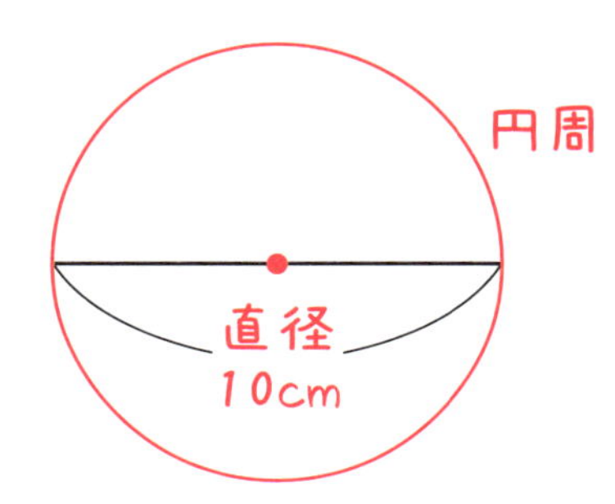

円周＝10×3.14＝31.4（cm）

円の面積

円の面積も円周率を用いて求めることができます。

円の面積＝半径×半径×円周率
＝半径×半径×3.14

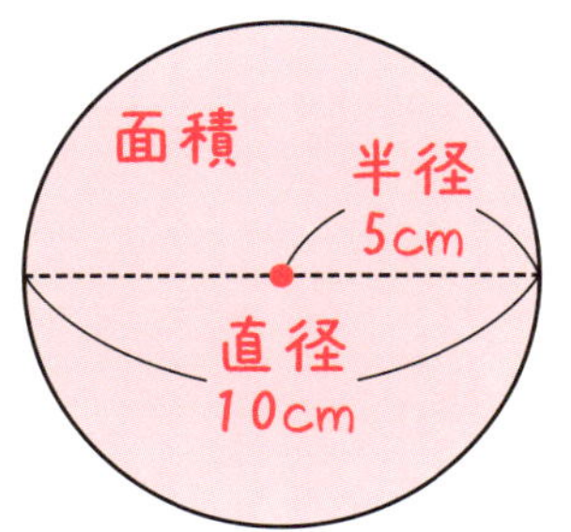

面積＝5×5×3.14＝78.5（cm²）

まとめ

① 円の用語と意味をおさえる
② 円周率とは、円周と直径の比率で約3.14。算数では3.14として計算する
③ 円周は直径、円の面積は半径を用いて求められる

第3章
図形

3-1
平面図形

④円の面積の公式

円を三角形・長方形に変形することで説明

円の面積＝半径×半径×円周率　の理由を説明してみましょう。面倒な計算はありません。眺めるだけで納得できる説明ができます。円を分割して面積を変えずに形を変えます。すると面積が求められるようになります。

円の面積の公式の説明①おうぎ形に等分割→並べ替え→長方形

円形のピザの切り方を思い浮かべてみましょう。おうぎ形に分けられます。まず、16個のおうぎ形に等分してみます。16個のピザをバラバラにして下の図のように上下逆さに交互に並べ替えます。すると、円だった形が長方形に近づいていくと考えられます。

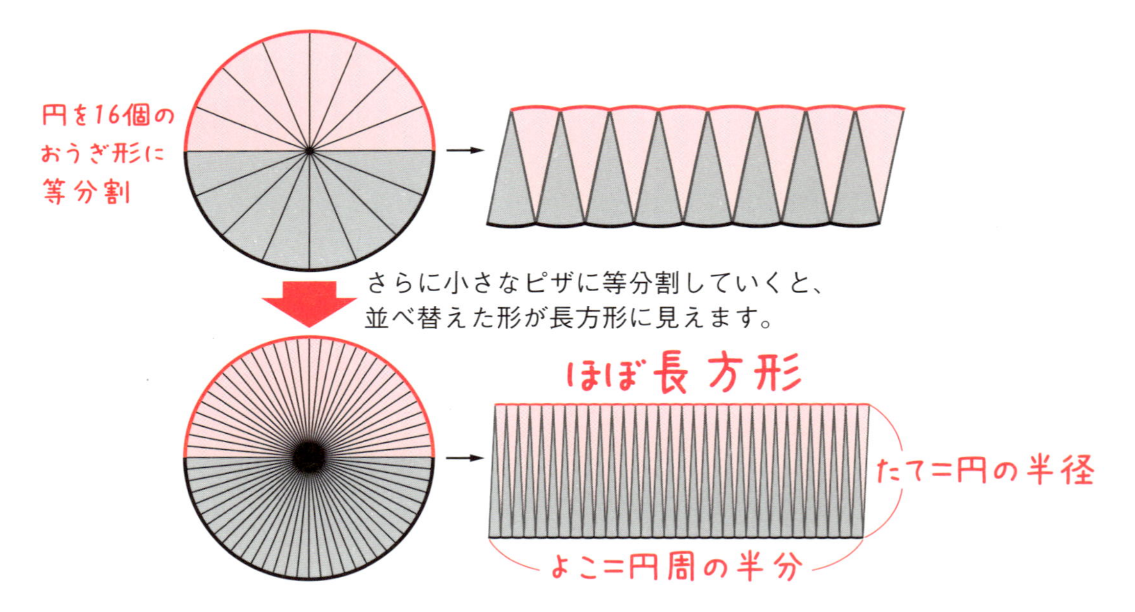

円の面積 ＝ 長方形の面積＝たて×よこ
＝半径×円周の半分
＝半径×（半径×2×円周率）÷2
＝半径×半径×円周率

どんどんピザの大きさを小さくしていく。
円を無限個のピザに分けると考えると

円の面積＝半径×半径×円周率

円の面積の公式の説明②ロープを巻いた円→ロープを切る→三角形

ロープをぐるぐる巻きにして円をつくります。
円の外側から中心まではさみで切って、広げると図のように二等辺三角形ができあがります。

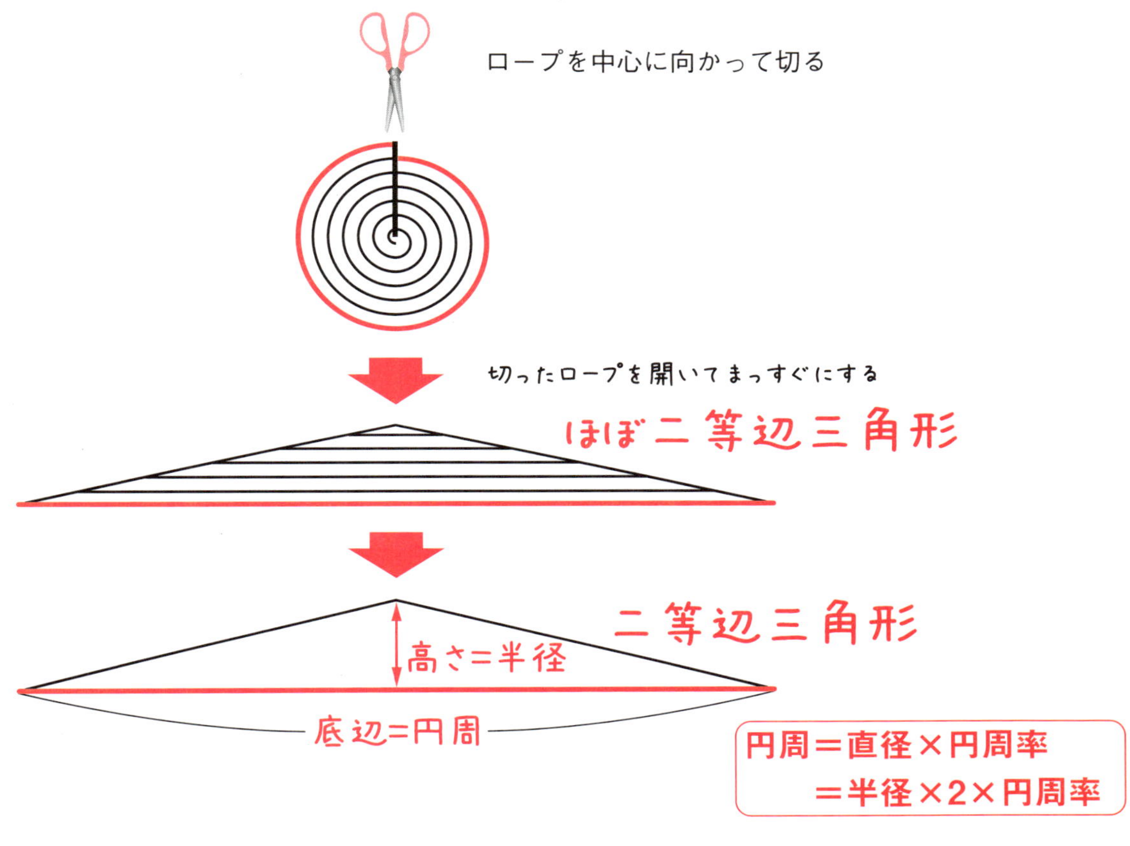

円の面積 ＝ 三角形の面積＝底辺×高さ÷2
＝円周×半径÷2
＝(半径×2×円周率)×半径÷2
＝半径×半径×円周率

円の面積＝半径×半径×円周率

まとめ

① 円をおうぎ形に分割する説明では、円→長方形
② ロープを巻いた円をつくりバラバラに切って広げる説明では、円→三角形
③ 円周＝半径×2×円周率　の公式を使う

復習ドリル

タイム　分　秒

合計　/100点

基本問題　（目標3分/各10点）

円の面積を求めましょう。円周率は3.14とします。

1

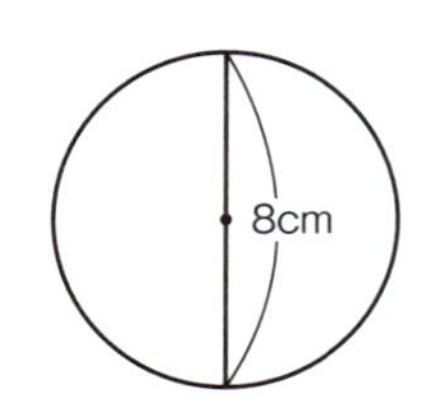

2

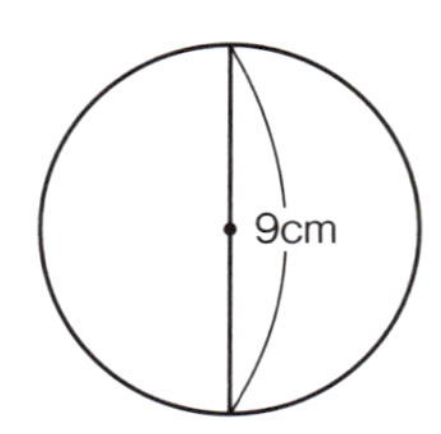

3

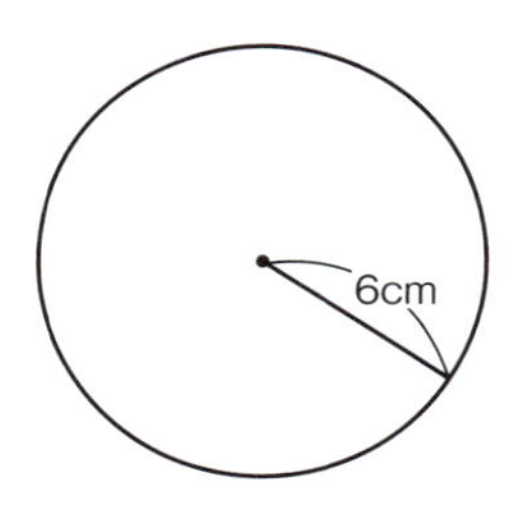

4

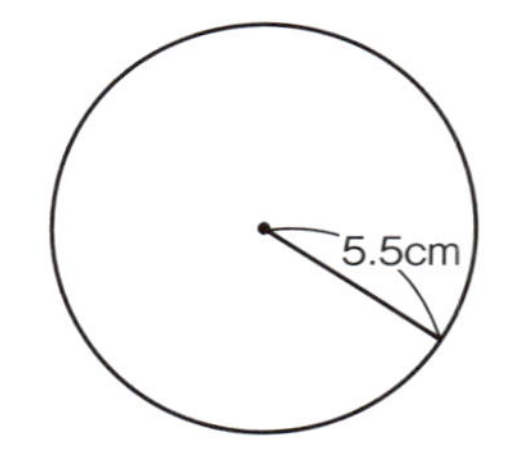

5　円周の長さが31.4cmの円の直径と半径を求めましょう。

6　円周の長さが43.96cmの円の直径と半径を求めましょう。

応用問題 （目標2分/各10点）円周率は3.14とします。

1 円周の長さが50.24cmの円の面積を求めましょう。

2 斜線部分の面積を求めましょう。

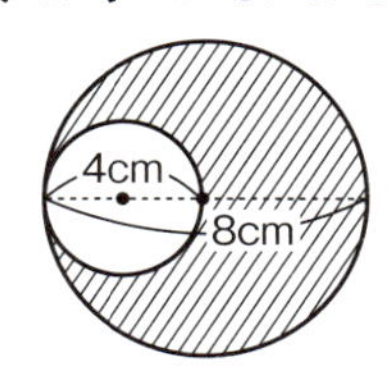

3 タイヤの直径が60cmの自転車があります。タイヤが100回転すると何m進みますか。

4 次のようなトラックの1周の長さを求めましょう。

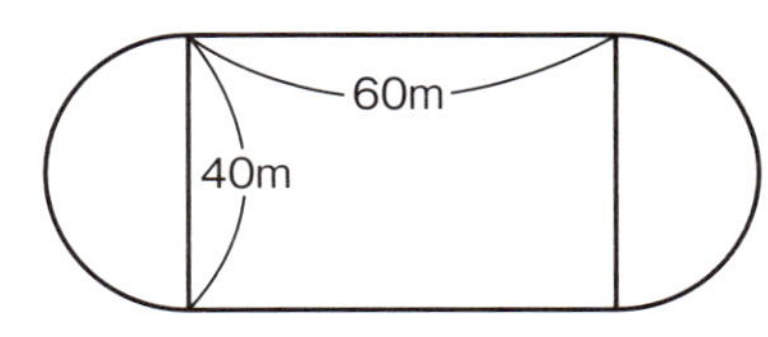

解　答

基本問題

1 4×4×3.14=50.24 答 $50.24cm^2$
2 4.5×4.5×3.14=63.585 答 $63.585cm^2$
3 6×6×3.14=113.04 答 $113.04cm^2$
4 5.5×5.5×3.14=94.985 答 $94.985cm^2$
5 31.4÷3.14=10　10÷2=5 答 直径10cm、半径5cm
6 43.96÷3.14=14　14÷2=7 答 直径14cm、半径7cm

応用問題

1 50.24÷3.14=16　16÷2=8　8×8×3.14=200.96 答 $200.96cm^2$
2 4×4×3.14−2×2×3.14=37.68 答 $37.68cm^2$
3 60×3.14×100=18840（cm）→188.4m 答 188.4m
4 40×3.14+60×2=245.6 答 245.6m

第3章
図形

3-1
平面図形

⑤おうぎ形

おうぎ形の弧の長さと面積

おうぎ形はピザやケーキの形を思い出してみましょう。おうぎ形の弧の長さと面積は、それぞれ円周の長さと円の面積の何分の一かを考えることで求められます。ポイントは中心角です。

おうぎ形とはどんな形?

おうぎ形の形の例はピザやケーキです。どちらももともと円の形をしています。切り分けたときの形がおうぎ形です。

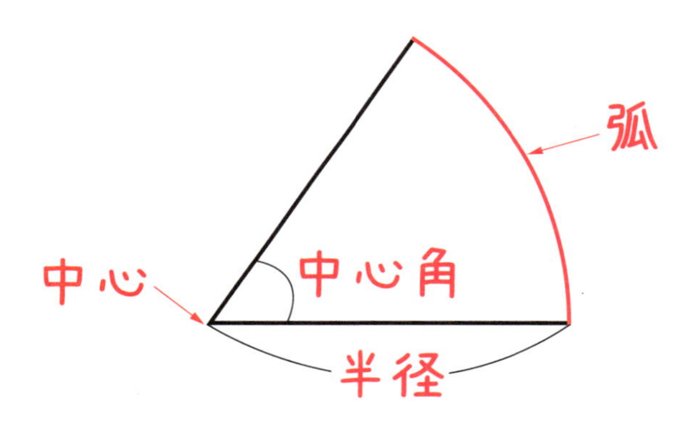

弧:円周の一部分
中心角:2つの半径がつくる角

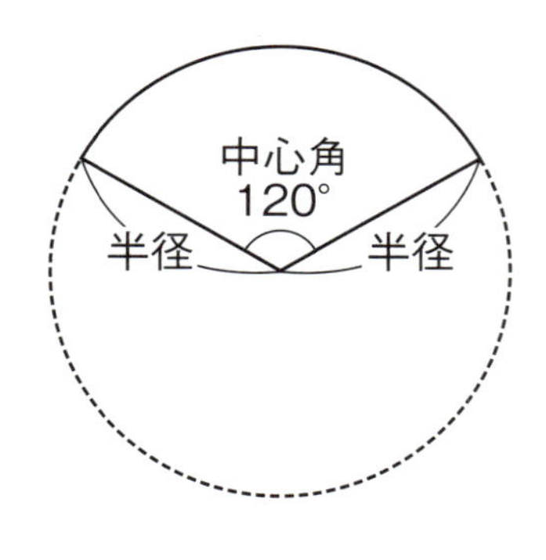

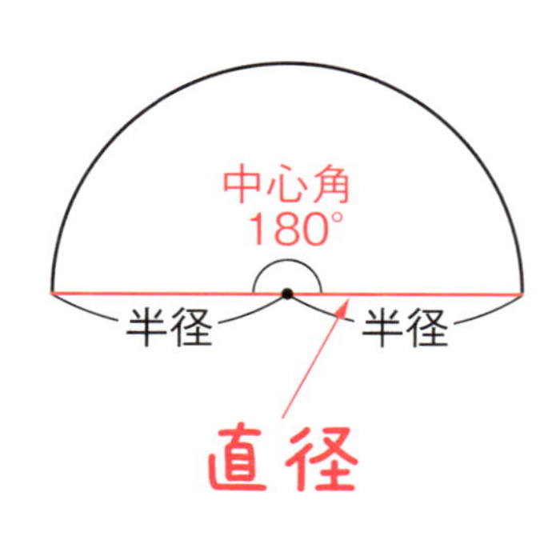

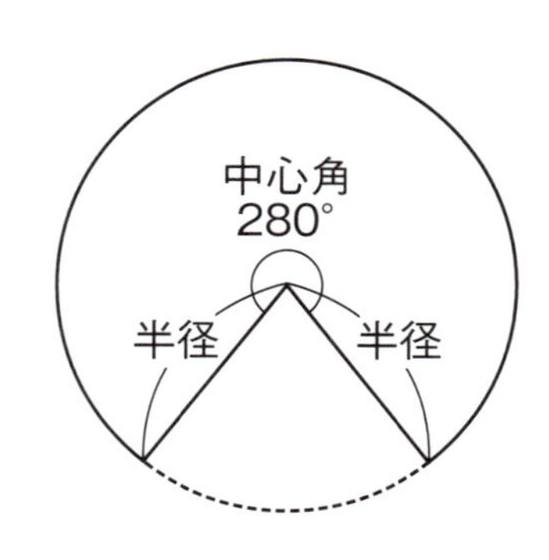

おうぎ形の弧の長さ

おうぎ形の弧の長さは、円周に $\frac{中心角}{360}$ をかけます。

$$おうぎ形の弧の長さ＝円周 \times \frac{中心角}{360}$$

$$＝直径 \times 3.14 \times \frac{中心角}{360}$$

$$＝半径 \times 2 \times 3.14 \times \frac{中心角}{360}$$

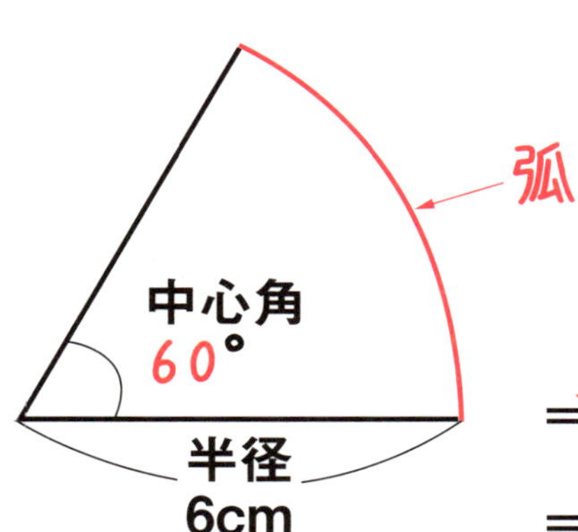

$$6cm \times 2 \times 3.14 \times \frac{60}{360}$$

約分

$$＝\overset{1}{\cancel{6}}cm \times 2 \times 3.14 \times \frac{1}{\underset{1}{\cancel{6}}}$$

$$＝6.28cm$$

答 弧の長さ 6.28cm

おうぎ形の面積

おうぎ形の面積は、円の面積に $\frac{中心角}{360}$ をかけます。

$$おうぎ形の面積＝円の面積 \times \frac{中心角}{360}$$

$$＝半径 \times 半径 \times 3.14 \times \frac{中心角}{360}$$

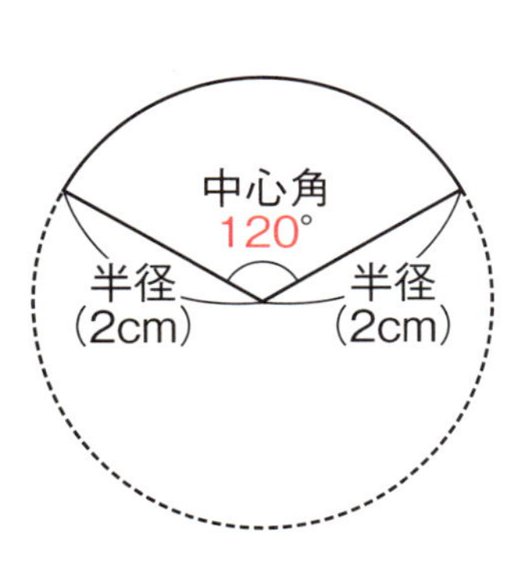

$$2 \times 2 \times 3.14 \times \frac{120}{360}$$

約分

$$＝4 \times 3.14 \times \frac{1}{3}$$

$$＝4.18\overset{9}{\cancel{6}}\cdots\cdots ≒ 4.19$$

6を四捨五入して8を9に

答 面積 約4.19cm^2

まとめ

① おうぎ形は円の一部分

② おうぎ形の弧の長さも面積も「$\frac{中心角}{360}$ をかけて求める」ことがポイント

第3章 図形 3-1 平面図形

⑤おうぎ形

日付　　月　　日（　）

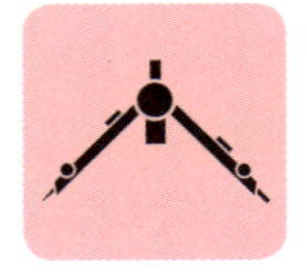

復習ドリル

タイム　　分　　秒

合計　　/100点

基本問題

（目標3分/各10点）

次の3つのおうぎ形の弧の長さと面積を求めましょう。

5、6 は答えを小数第二位まで求めなさい。

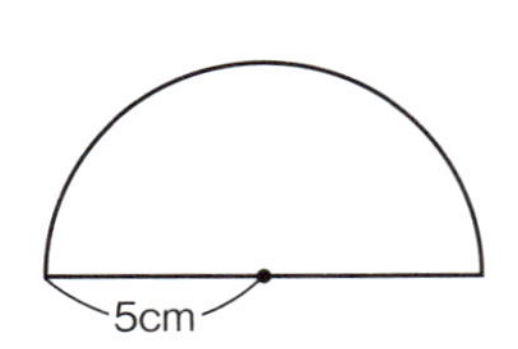

1 左のおうぎ形の弧の長さは何cmですか。

2 左のおうぎ形の面積は何cm^2ですか。

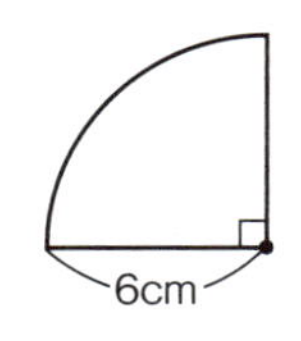

3 左のおうぎ形の弧の長さは何cmですか。

4 左のおうぎ形の面積は何cm^2ですか。

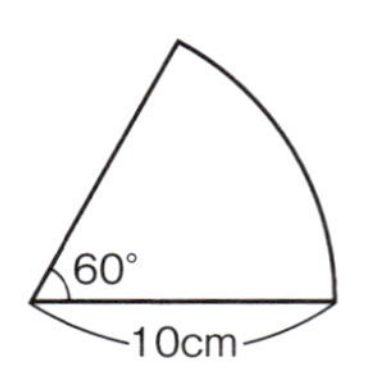

5 左のおうぎ形の弧の長さは何cmですか。

6 左のおうぎ形の面積は何cm^2ですか。

応用問題　（目標2分／各10点）

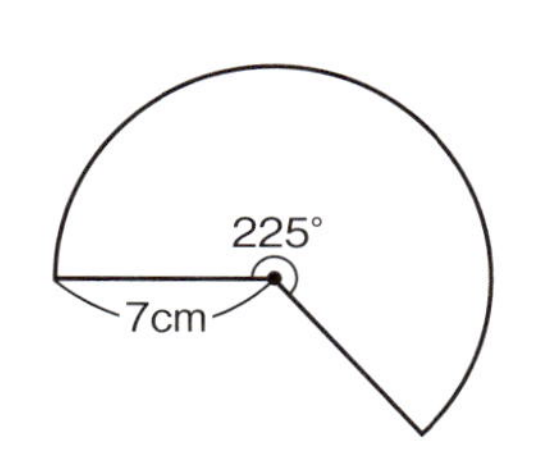

1　左の図のおうぎ形の弧の長さは何cmですか。

2　左の図のおうぎ形の面積は何cm^{2}ですか。

3　半径10cm、中心角120°のおうぎ形のまわりの長さは約何cmですか。小数第二位まで求めなさい。

4　半径5cm、中心角135°のおうぎ形のまわりの長さは何cmですか。小数第二位まで求めなさい。

解　答

基本問題

1　$5\times2\times3.14\times\frac{180}{360}=15.7$　答 15.7cm

2　$5\times5\times3.14\times\frac{180}{360}=39.25$　答 39.25cm^2

3　$6\times2\times3.14\times\frac{90}{360}=9.42$　答 9.42cm

4　$6\times6\times3.14\times\frac{90}{360}=28.26$　答 28.26cm^2

5　$10\times2\times3.14\times\frac{60}{360}=10.466\cdots\cdots$　答 10.47cm

6　$10\times10\times3.14\times\frac{60}{360}=52.333\cdots\cdots$　答 52.33cm^2

応用問題

1　$7\times2\times3.14\times\frac{225}{360}=27.475$　答 27.475cm

2　$7\times7\times3.14\times\frac{225}{360}=96.1625$　答 96.1625cm^2

3　おうぎ形の周の長さ＝弧の長さ＋半径×2＝$10\times2\times3.14\times\frac{120}{360}+10\times2=40.933\cdots\cdots$　答 40.93cm

4　おうぎ形の周の長さ＝弧の長さ＋半径×2＝$5\times2\times3.14\times\frac{135}{360}+5\times2=21.775$　答 21.78cm

第3章
図形

3-1
平面図形

⑥線対称・点対称

正五角形は線対称、平行四辺形は点対称

折って重なる図形は線対称な図形。折り目にした直線が対称の軸。1つの点を中心にして180°回転させたとき、もとの図形にぴったり重なる形は点対称な図形。回転の中心にした点が対称の中心。

線対称

正五角形は線対称な図形です。1本の直線を折り目にして2つに折ったとき、両側の図形がぴったり重なる図形を線対称な図形といいます。

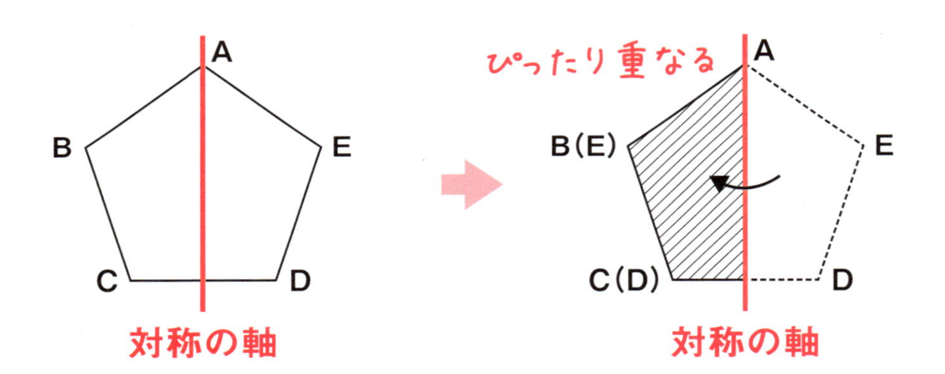

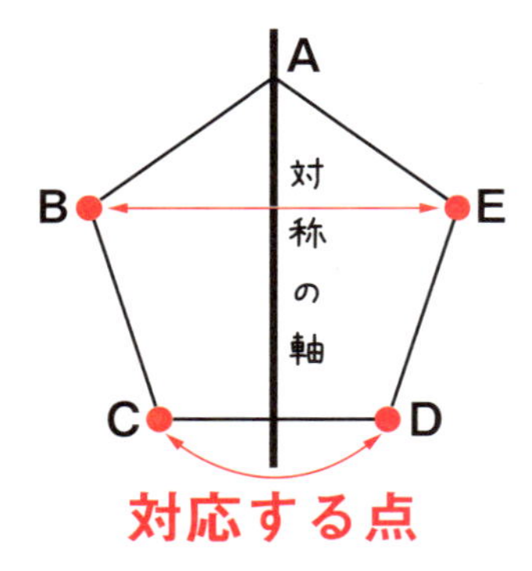

対応する点

点Bと点Eは対応する点
点Cと点Dは対応する点

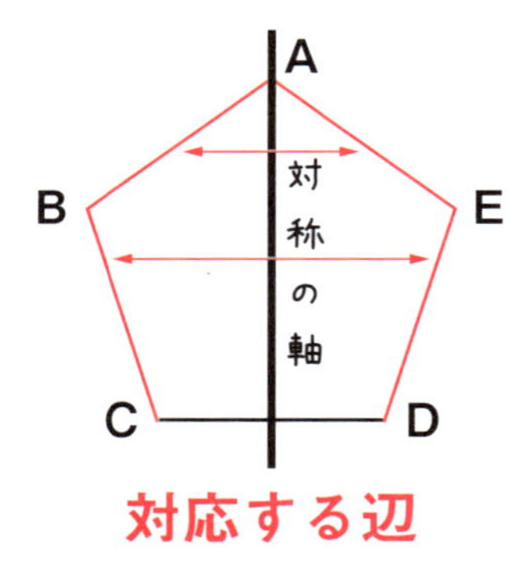

対応する辺

辺ABと辺AEは対応する辺
辺BCと辺EDは対応する辺

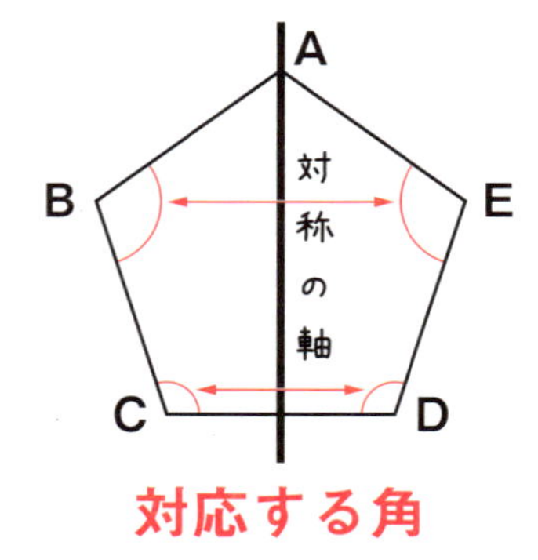

対応する角

角Bと角Eは対応する角
角Cと角Dは対応する角

点対称

平行四辺形は点対称な図形です。1つの点を中心にして180°回転させて、もとの形にぴったり重なる形を点対称な図形といいます。

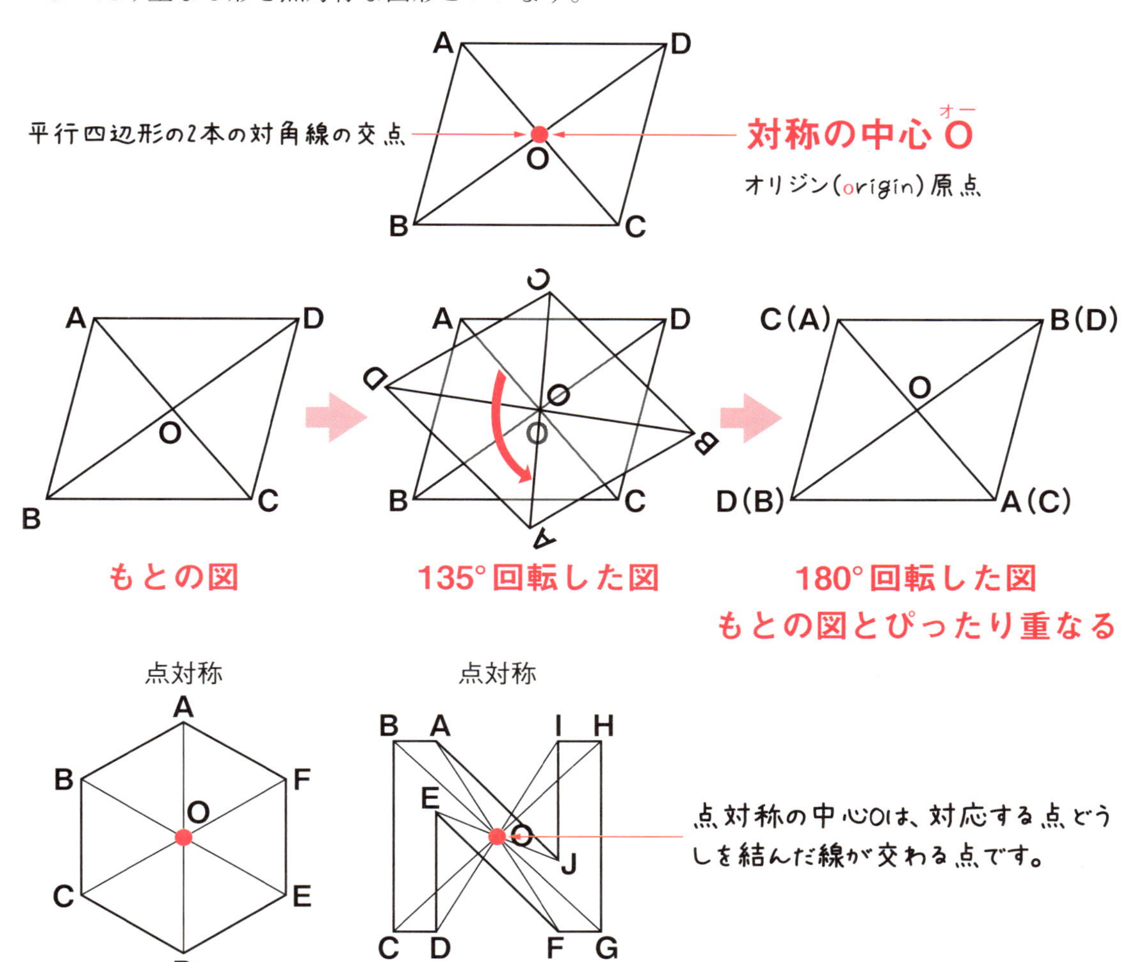

点対称な図形は、1つの点を中心にして180°回転させて調べます。

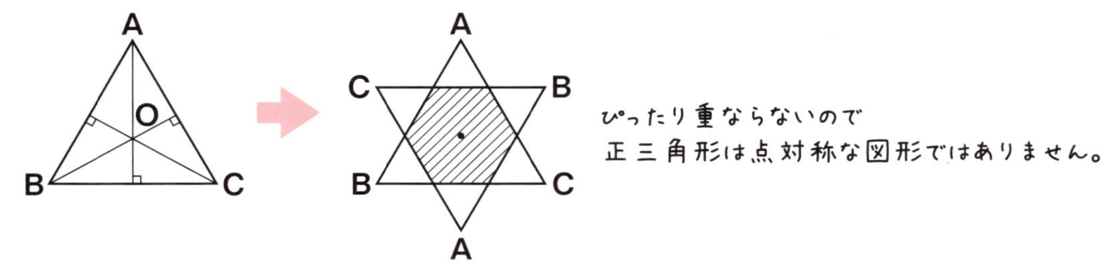

まとめ

① 線対称と点対称は自分で図形を描いて理解する
② 点対称の中心はO
③ 正方形のように、辺の数が偶数の正多角形は線対称な図形で、点対称な図形でもある

⑥線対称・点対称

日付　　月　　日(　)

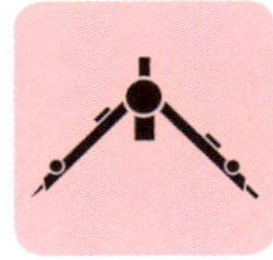

復習ドリル

タイム　　分　　秒

合計　　/100点

基本問題　(目標3分/各10点)

次の都道府県や区、市町村のマークは、次のどれにあてはまりますか。

㋐線対称であって、点対称ではない

㋑点対称であって、線対称ではない

㋒線対称であって、点対称でもある

㋓線対称でも点対称でもない

1

世田谷区

2

久留米市

3

江別市

4

東京都

5

神奈川県

6

大分市

応用問題

（目標2分/各10点）

1 正三角形の対称の軸は何本ありますか。

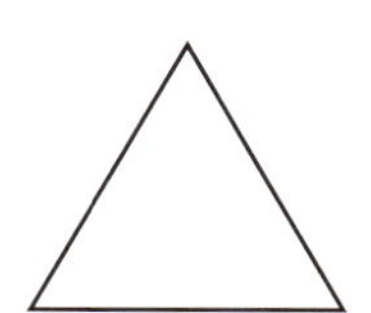

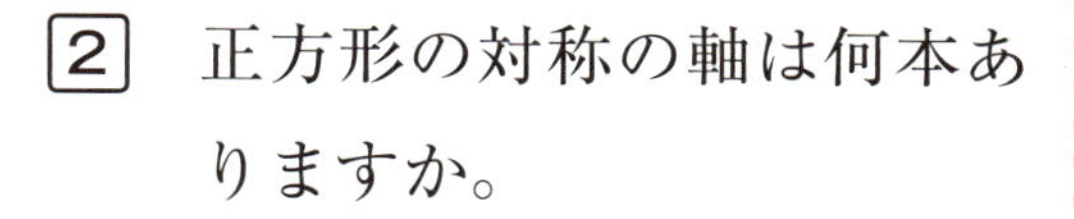

2 正方形の対称の軸は何本ありますか。

3 長方形の対称の軸は何本ありますか。

4 正六角形の対称の軸は何本ありますか。

解　答

基本問題

1 ㋐
2 ㋓
3 ㋓
4 ㋒
5 ㋐
6 ㋐

応用問題

1 3本

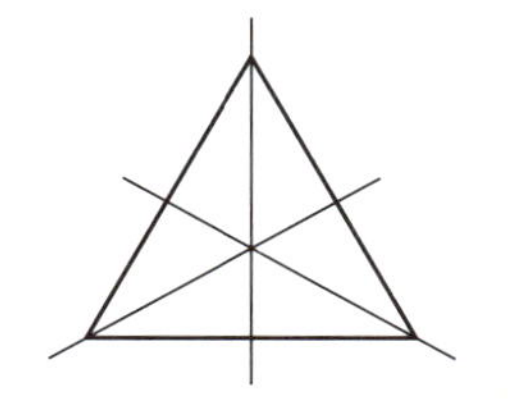

2 4本

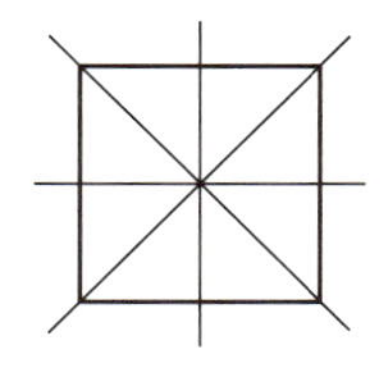

3 2本

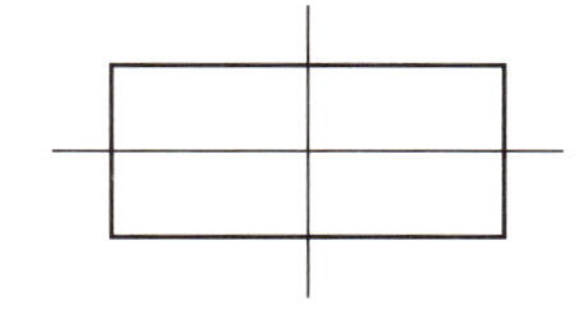

4 6本

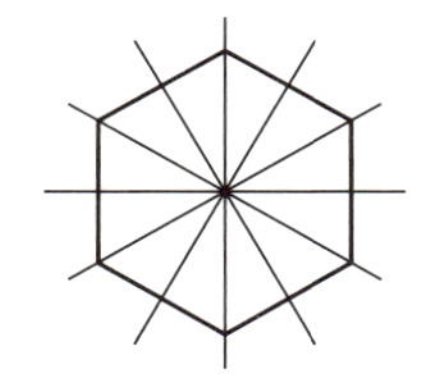

第3章
図形

3-1
平面図形

⑦拡大図・縮図

同じ形のまま大きくしたり小さくしたり

「形が同じ」とは、たて方向とよこ方向を同じようにひきのばした図のこと。大きくした図を拡大図、小さくした図を縮図といいます。地図は縮図の一例です。ポイントは対応する辺の長さを何倍するかという点で、つまり地図の縮尺のことです。

拡大図・縮図

三角形㋐の３つの辺の長さをそれぞれ２倍にしたのが三角形㋑。

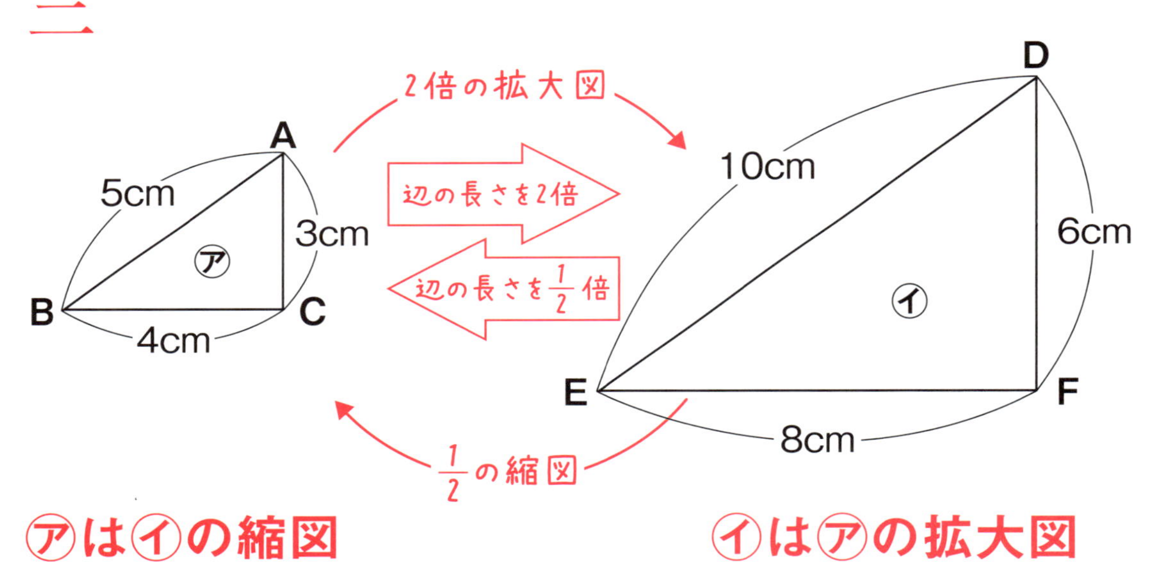

㋐は㋑の縮図　　**㋑は㋐の拡大図**

表現の仕方

㋐を2倍に拡大した図が㋑ ⇒ ㋑は㋐の2倍の拡大図といいます

㋑を$\frac{1}{2}$に縮小した図が㋐ ⇒ ㋐は㋑の$\frac{1}{2}$の縮図といいます

対応する辺の長さの比はどれも等しい

AB：DE＝5：10＝1：2
BC：EF＝4：8＝1：2
CA：FD＝3：6＝1：2

➡ どれも1：2

拡大図・縮図　対応する角

三角形㋐の角A、角B、角Cは、それぞれ三角形㋑の角D、角E、角Fに対応します。

対応する角の大きさはすべて等しい

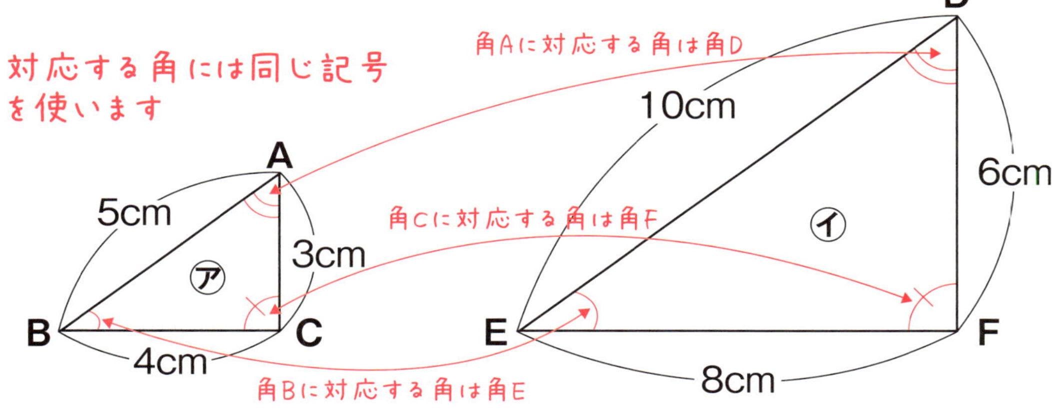

拡大図・縮図　面積

2倍の拡大図の面積は、もとの図形の面積の4倍になります。たてとよこがそれぞれ2倍になるので面積は、2 × 2 = 4（倍）になります。逆に、$\frac{1}{2}$の縮図の面積は、もとの図の面積の$\frac{1}{4}$倍になります。たてとよこがそれぞれ$\frac{1}{2}$倍になるので面積は$\frac{1}{2} \times \frac{1}{2} = \frac{1}{4}$（倍）になります。

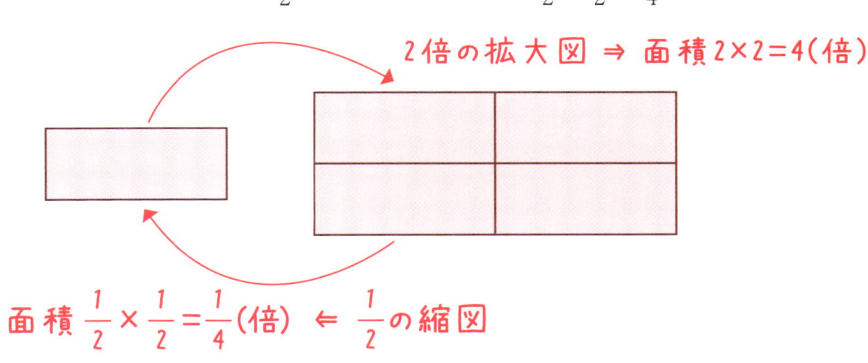

□倍の拡大図
□の縮図

面積 □×□（倍）

まとめ

① □倍の拡大図・□の縮図とは、対応する辺の長さが□倍の意味
② 拡大図・縮図の対応する辺の長さの比はすべて等しい
③ 拡大図・縮図の対応する角の大きさはすべて等しい
③ □倍の拡大図・□の縮図は、もとの図形の面積の□×□（倍）になる

⑦拡大図・縮図

日付　　月　　日(　)

復習ドリル

タイム　　分　　秒

合計　　/100点

基本問題

（目標3分/各10点）

三角形㋑は三角形㋐の拡大図です。

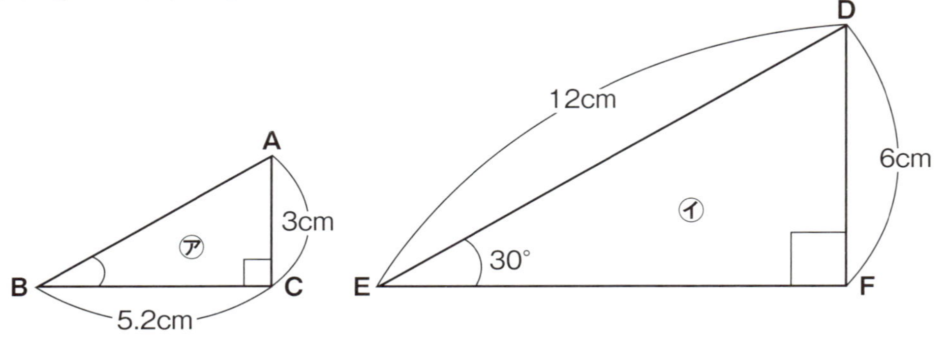

1 三角形㋐と三角形㋑の対応する辺の長さの比を、最も簡単な整数の比で表すと（　　）です。

2 三角形㋑は三角形㋐の（　　）倍の拡大図です。

3 三角形㋐は三角形㋑の（　　）分の1の縮図です。

4 辺DEに対応する辺ABの長さは（　　）cm、辺BCに対応する辺EFの長さは（　　）cmです。

5 家から学校までの道のりは5kmです。地図上では5kmを10cmに縮めて表しています。この地図の縮尺はいくらでしょうか。分数で表しなさい。

5km=500000cmだから、　$\frac{10\text{cm}}{500000\text{cm}} = \frac{1}{\square}$

6 家から駅までの道のりは6kmです。縮尺5万分の1の地図上では、実際の道のり6kmは（　　）cmで表されます。

応用問題 （目標2分/各10点）

1 縮尺が25000分の1の地図があります。実際の距離が5kmのところは、地図上では（　　）cmです。

2 たて100m、よこ50mの長方形の土地があります。この土地を縮尺1:2000で描くと、たての長さは（　　）cm、よこの長さは（　　）cmです。

3 縮尺が25000分の1の地図で、たて2cm、よこ3cmの長方形の実際の面積は（　　）haです。

4 地面に垂直に立てた1mの棒のかげの長さが50cmのとき、棒の近くの建物のかげの長さが5mでした。この建物の高さは（　　）mです。

解　答

基本問題

1 1：2
2 2
3 2
4 6、10.4
5 50000
6 12

応用問題

1 500000÷25000=20　**答** 20
2 10000÷2000=5、5000÷2000=2.5　**答** たて5、よこ2.5
3 2×25000=50000（cm）→500（m）
3×25000=75000（cm）→750（m）
500×750=375000（m^2）→37.5（ha）　**答** 37.5
4 500÷50=10、1×10=10　**答** 10

第3章
図形

3-2
立体図形

①角柱・円柱の体積

四角柱（直方体・立方体）・三角柱・円柱の体積

角柱・円柱の体積＝底面積×高さ

四角柱の体積

四角柱は底面が四角形。正方形だけで囲まれた形を立方体、長方形だけで囲まれた形または長方形と正方形で囲まれた形を直方体といいます。

体積の単位　cm^3（立方センチメートル）
1辺が1cmの立方体の体積が$1cm^3$

立方体→立体の面がすべて正方形

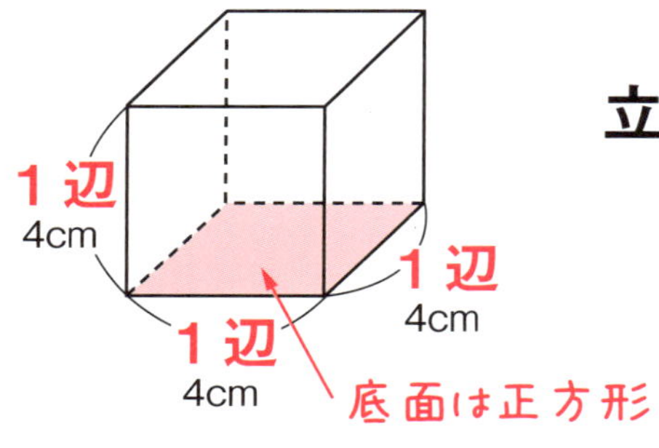

底面積

立方体の体積＝正方形の面積×高さ
＝1辺×1辺×1辺

底面積＝4×4＝16（cm^2）
体積＝16×4＝64（cm^3）
答 $64cm^3$

直方体→立体の面がすべて長方形
または長方形と正方形

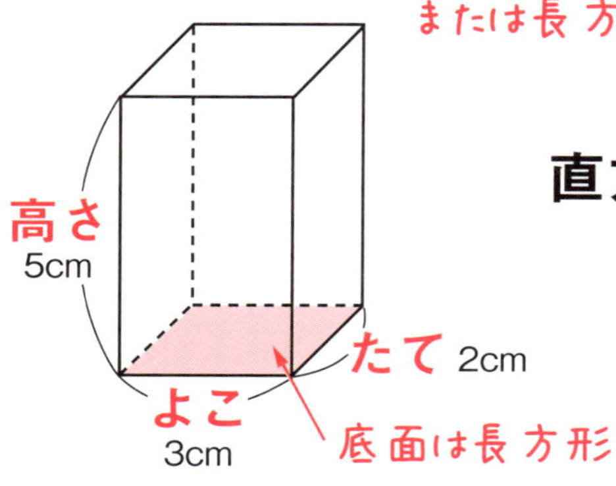

底面積

直方体の体積＝長方形の面積×高さ
＝たて×よこ×高さ

底面積＝2×3＝6（cm^2）
体積＝6×5＝30（cm^3）
答 $30cm^3$

三角柱の体積

三角柱は底面が三角形。三角形の面積の求め方（67ページ）を思い出しましょう。

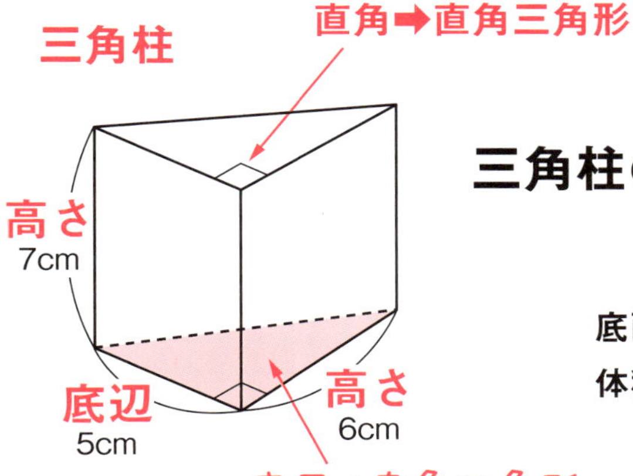

底面積

三角柱の体積＝三角形の面積×高さ
＝底辺×高さ÷2×高さ

底面積＝5×6÷2＝15（cm^2）
体積＝15×7＝105（cm^3）

答 105cm^3

円柱の体積

円柱の底面は円です。円の面積の求め方（71ページ）を思い出しましょう。

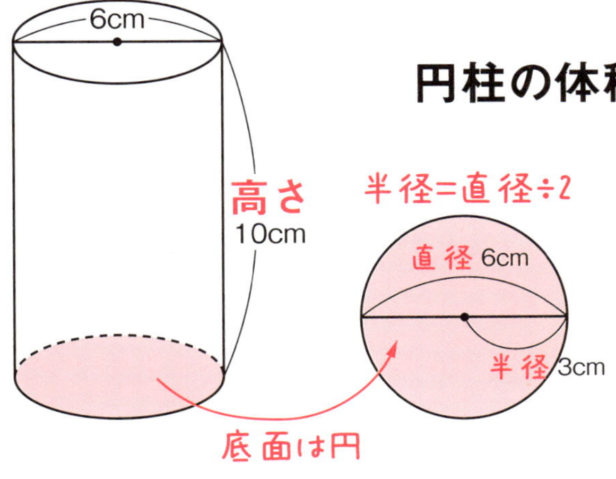

底面積

円柱の体積＝円の面積×高さ
＝半径×半径×3.14×高さ

底面積＝3×3×3.14＝28.26（cm^2）
体積＝28.26×10＝282.6（cm^3）

答 282.6cm^3

まとめ

① 角柱・円柱の体積は底面の形に注目⇒まず底面積を求める
② 直方体の底面は長方形か正方形、立方体の底面は正方形
⇒底面積＝長方形（正方形）の面積
③ 三角柱の底面は三角形⇒底面積＝三角形の面積
④ 円柱の底面は円⇒底面積＝円の面積

①角柱・円柱の体積

日付　　月　　日(　)

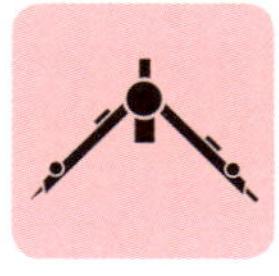

復習ドリル

タイム　　分　　秒

合計　　/100点

基本問題

（目標3分/各10点）

1　右の図の角柱の体積を求めましょう。

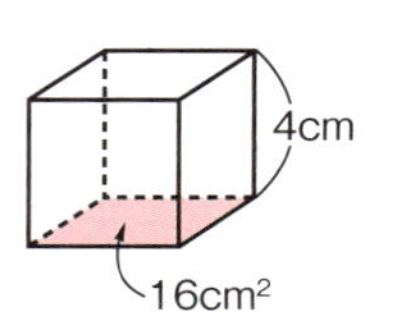

2　右の図の角柱の体積を求めましょう。

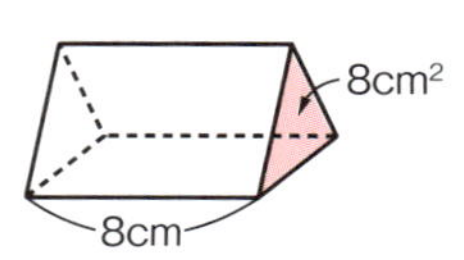

3　右の図の角柱の体積を求めましょう。

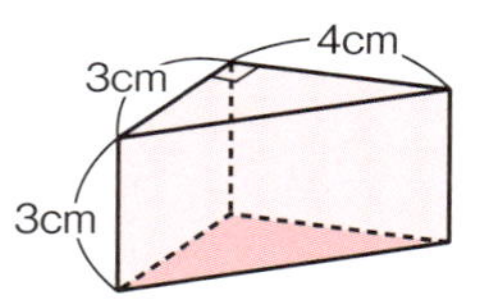

4　右の図の円柱の体積を求めましょう。

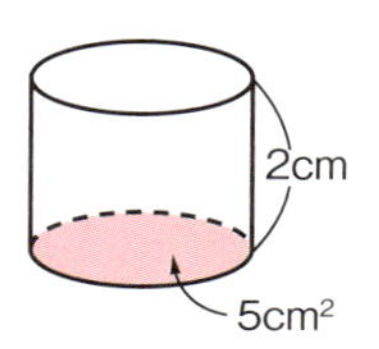

5　右の図の円柱の体積を求めましょう。

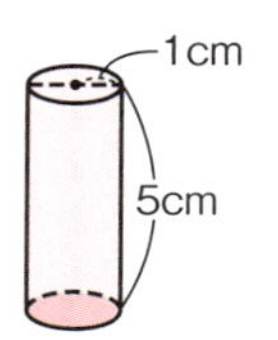

6　右の図の立体の体積を求めましょう。

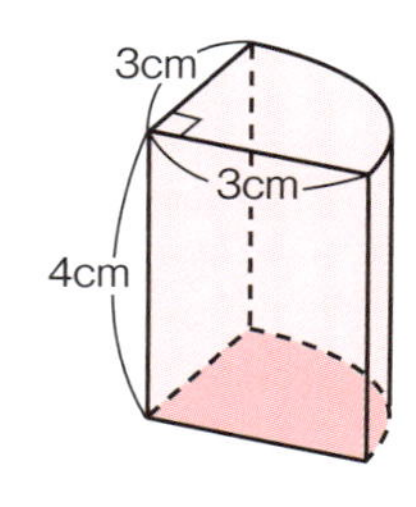

応用問題　（目標2分/各10点）

1 下の図の角柱の体積を求めましょう。

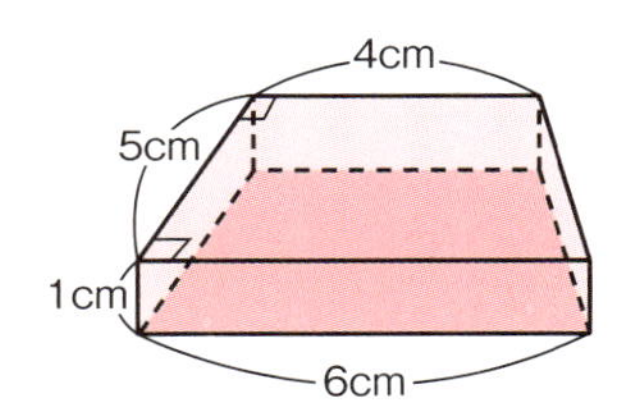

2 下の図の角柱の体積を求めましょう。

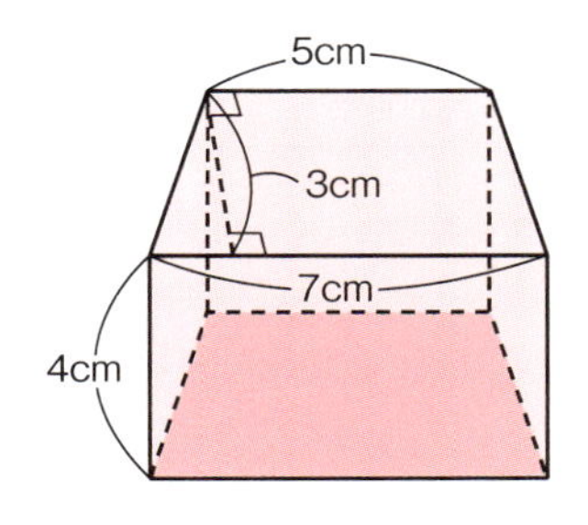

3 下の図の立体の体積を求めましょう。

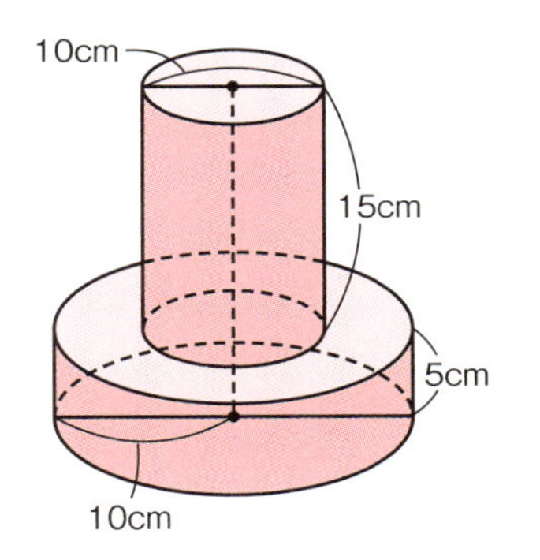

4 下の図の立体の体積を求めましょう。

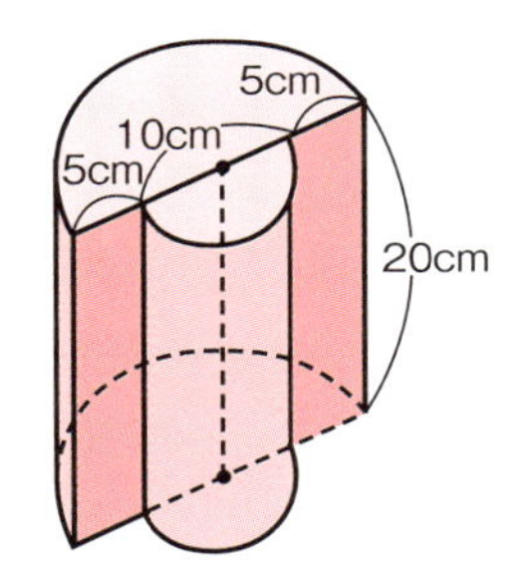

解　答

基本問題

1. $16 \times 4 = 64$　答 $64cm^3$
2. $8 \times 8 = 64$　答 $64cm^3$
3. $3 \times 4 \div 2 \times 3 = 18$　答 $18cm^3$
4. $5 \times 2 = 10$　答 $10cm^3$
5. $1 \times 1 \times 3.14 \times 5 = 15.7$　答 $15.7cm^3$
6. $3 \times 3 \times 3.14 \div 4 \times 4 = 28.26$　答 $28.26cm^3$

応用問題

1. $(4+6) \times 5 \div 2 \times 1 = 25$　答 $25cm^3$
2. $(5+7) \times 3 \div 2 \times 4 = 72$　答 $72cm^3$
3. $5 \times 5 \times 3.14 \times 15 + 10 \times 10 \times 3.14 \times 5 = 2747.5$
   答 $2747.5cm^3$
4. $10 \times 10 \times 3.14 \div 2 \times 20 + 5 \times 5 \times 3.14 \div 2 \times 20 = 3925$
   答 $3925cm^3$

第3章
図形

3-2
立体図形

②角すい・円すいの体積

三角すい・四角すい・円すいの体積

角すい・円すいの体積＝底面積×高さ×$\frac{1}{3}$

（現在は中1数学の範囲）

四角すいの体積

四角すいとはピラミッドのような立体のことをいいます。底面が四角形です。頂点から底面に垂直におろした線分の長さが高さです。

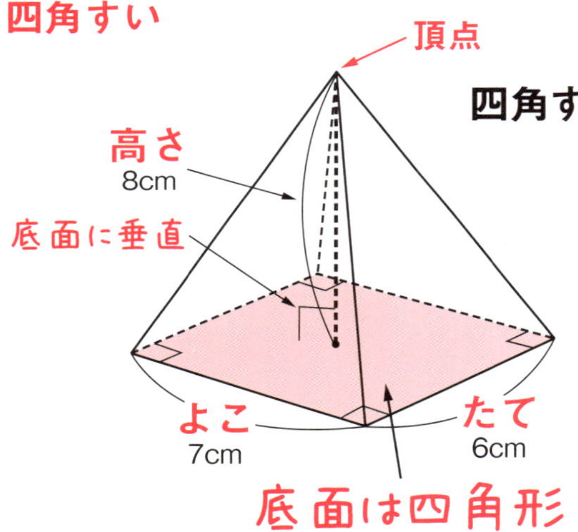

底面積

四角すいの体積＝四角形の面積×高さ×$\frac{1}{3}$

＝たて×よこ×高さ×$\frac{1}{3}$

底面積＝6×7＝42（cm^2）

体積＝42×8×$\frac{1}{3}$＝112（cm^3）

答 $112cm^3$

四角すいの体積の公式の考え方

四角すいの体積は、高さも底面積も同じ四角柱の体積の$\frac{1}{3}$に等しいと考えることができます。

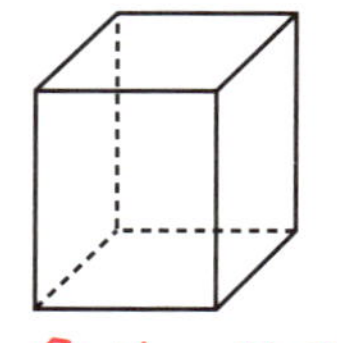

×$\frac{1}{3}$

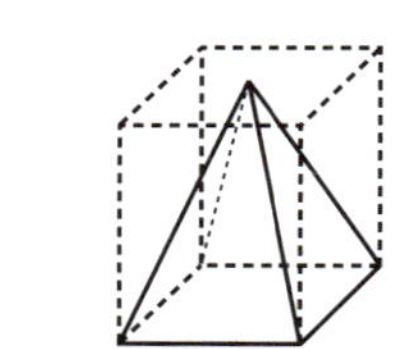

四角柱の体積　　四角すいの体積

四角すいの体積＝四角柱の体積×$\frac{1}{3}$

＝底面積×高さ×$\frac{1}{3}$

円すいの体積

円すいとは下の図のような立体のことをいいます。底面が円です。頂点から底面に垂直におろした線分の長さが高さです。

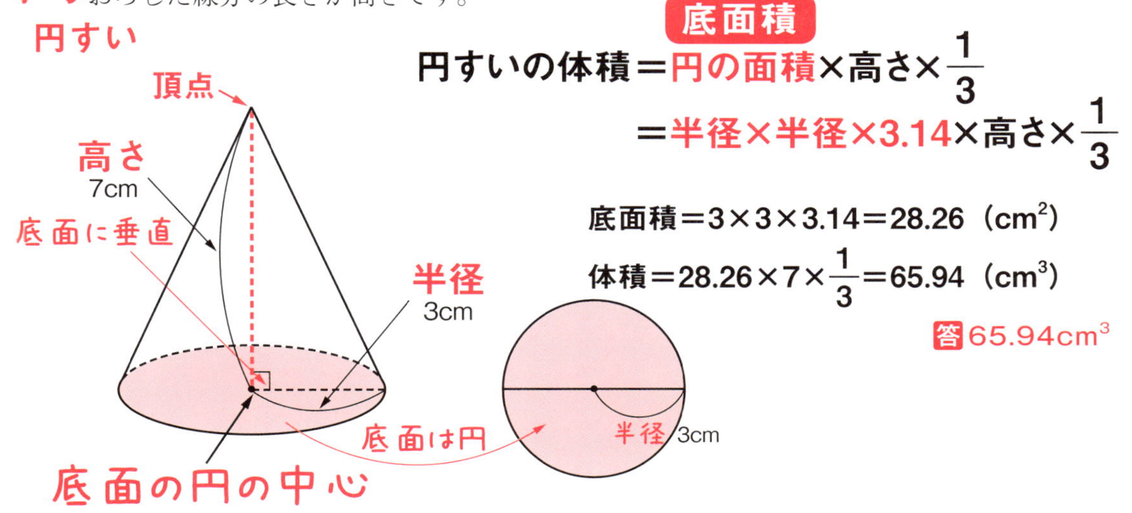

円すいの体積＝円の面積×高さ×$\frac{1}{3}$

＝半径×半径×3.14×高さ×$\frac{1}{3}$

底面積＝3×3×3.14＝28.26（cm^2）

体積＝28.26×7×$\frac{1}{3}$＝65.94（cm^3）

答 $65.94cm^3$

角すい・円すいの体積と角柱・円柱の体積の関係

三角すいの体積はその底面積と高さが等しい三角柱の体積の$\frac{1}{3}$倍です。この関係は、底面積と高さが等しい角すい・円すいと角柱・円柱の間にもなりたちます。

三角柱　五角柱　六角柱　円柱

高さ　底面積

×$\frac{1}{3}$　×$\frac{1}{3}$　×$\frac{1}{3}$　×$\frac{1}{3}$　すべて$\frac{1}{3}$倍

三角すい　五角すい　六角すい　円すい

高さ　底面積

まとめ

① 四角すいの体積⇒底面積（四角形の面積）×高さ×$\frac{1}{3}$

② 円すいの体積⇒底面積（円の面積）×高さ×$\frac{1}{3}$

③ すい体の高さは、頂点から底面に垂直におろした直線の長さ

②角すい・円すいの体積　日付　月　日(　)

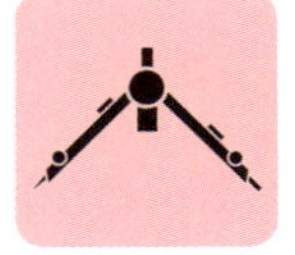

復習ドリル

タイム　分　秒

合計　/100点

基本問題　(目標3分/各10点)

1　右の図の三角すいの体積を求めましょう。

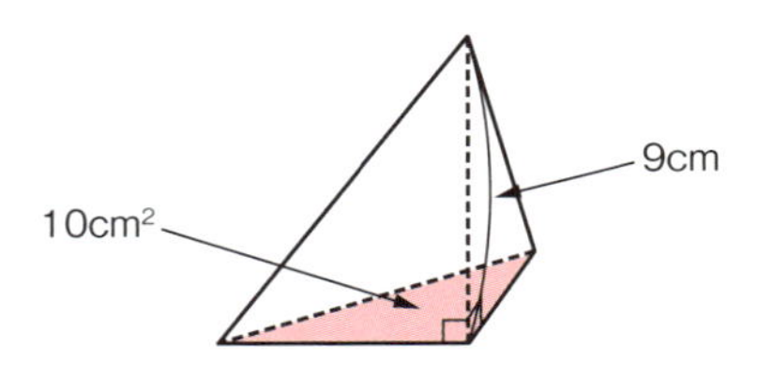

2　右の図の四角すいの体積を求めましょう。

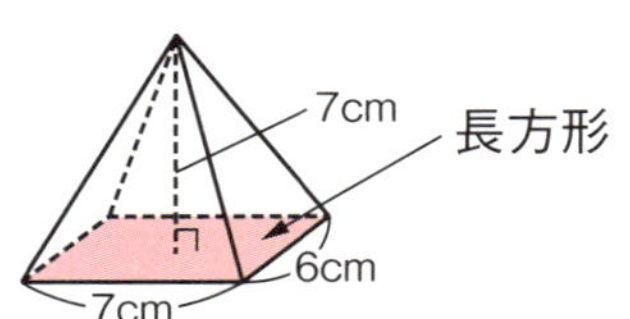

3　右の図の四角すいの体積を求めましょう。

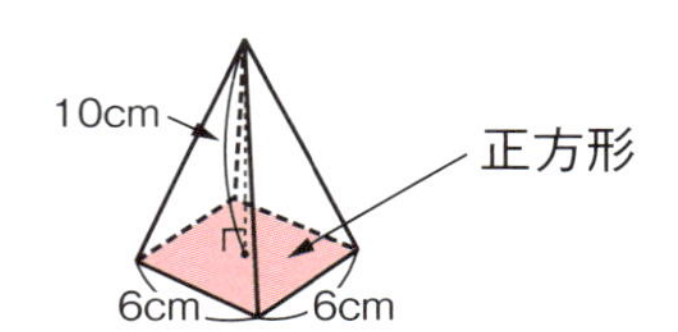

4　右の図の円すいの体積を求めましょう。

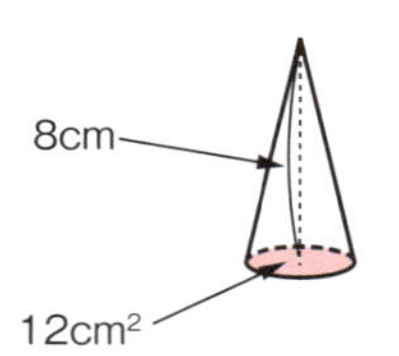

5　右の図の円すいの体積を求めましょう。

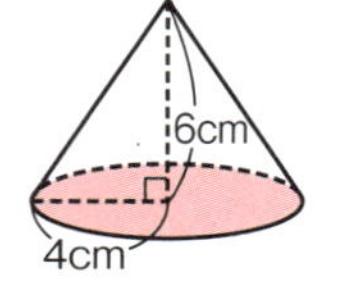

6　右の図の円すいの体積を小数第三位まで求めましょう。

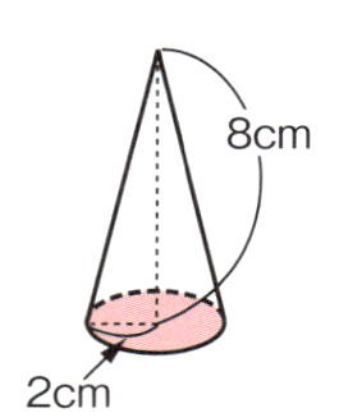

応用問題 （目標2分/各10点）

1 下の図の角すいの体積を求めましょう。

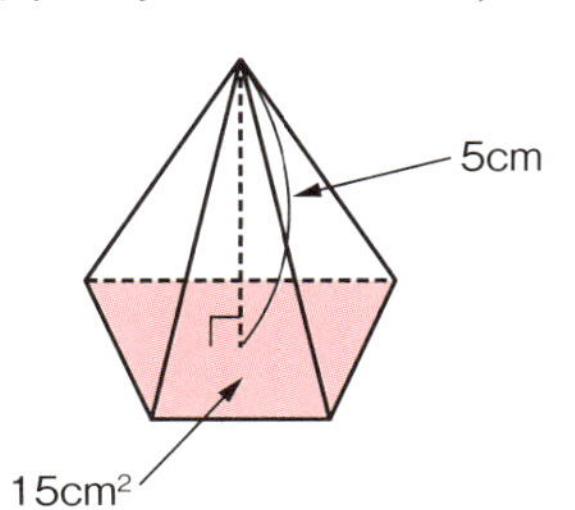

2 下の図の角すいの体積を求めましょう。

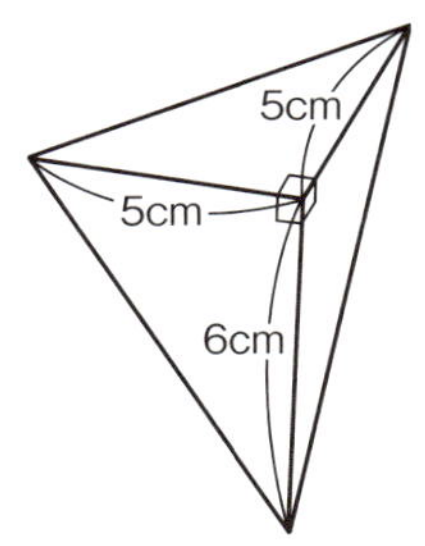

3 下の図の円すいの体積を求めましょう。

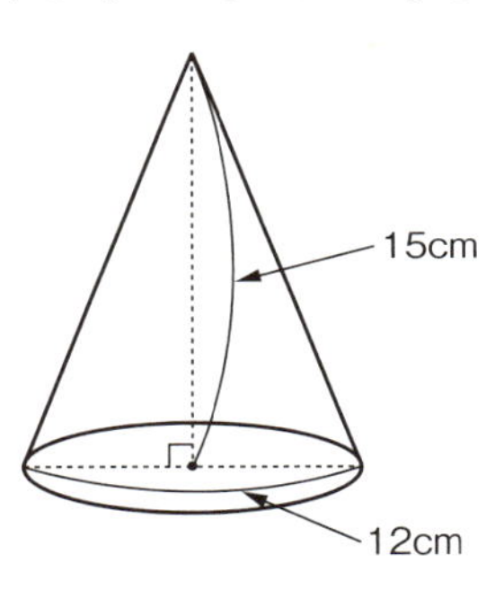

4 図の円すい台の体積を公式を使って小数第二位まで求めましょう。

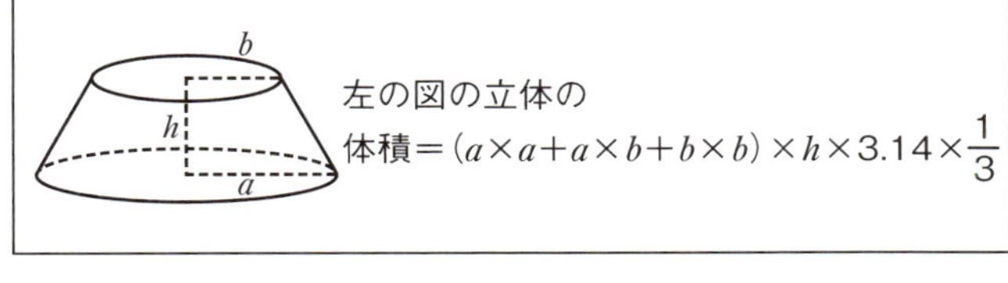

左の図の立体の体積＝$(a\times a+a\times b+b\times b)\times h\times 3.14\times\frac{1}{3}$

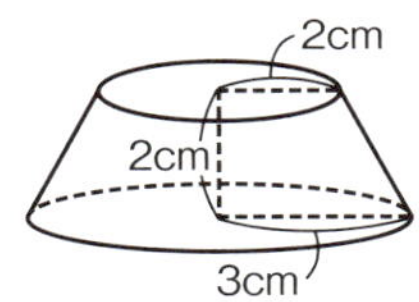

解　答

基本問題

1 $10\times9\times\frac{1}{3}=30$ 答 $30cm^3$

2 $7\times6\times7\times\frac{1}{3}=98$ 答 $98cm^3$

3 $6\times6\times10\times\frac{1}{3}=120$ 答 $120cm^3$

4 $12\times8\times\frac{1}{3}=32$ 答 $32cm^3$

5 $4\times4\times3.14\times6\times\frac{1}{3}=100.48$ 答 $100.48cm^3$

6 $2\times2\times3.14\times8\times\frac{1}{3}=33.4933\cdots\cdots$ 答 $33.493cm^3$

応用問題

1 $15\times5\times\frac{1}{3}=25$ 答 $25cm^3$

2 $5\times5\div2\times6\times\frac{1}{3}=25$ 答 $25cm^3$

3 $6\times6\times3.14\times15\times\frac{1}{3}=565.2$ 答 $565.2cm^3$

4 $(3\times3+3\times2+2\times2)\times2\times3.14\times\frac{1}{3}$ $=39.773\cdots\cdots$ 答 $39.77cm^3$

第3章
図形

3-2
立体図形

③複雑な立体の体積・容積

複雑な形をした立体の体積や容積

分割してたす
余分なものをひく

陰の部分・余分な部分をイメージする

複雑な立体の体積を求めるためには、立体を分割してたす、または大きな立体の中から余分な立体をひくことです。そのときに大切なことは立体の陰の部分や余分な部分をイメージすることです。

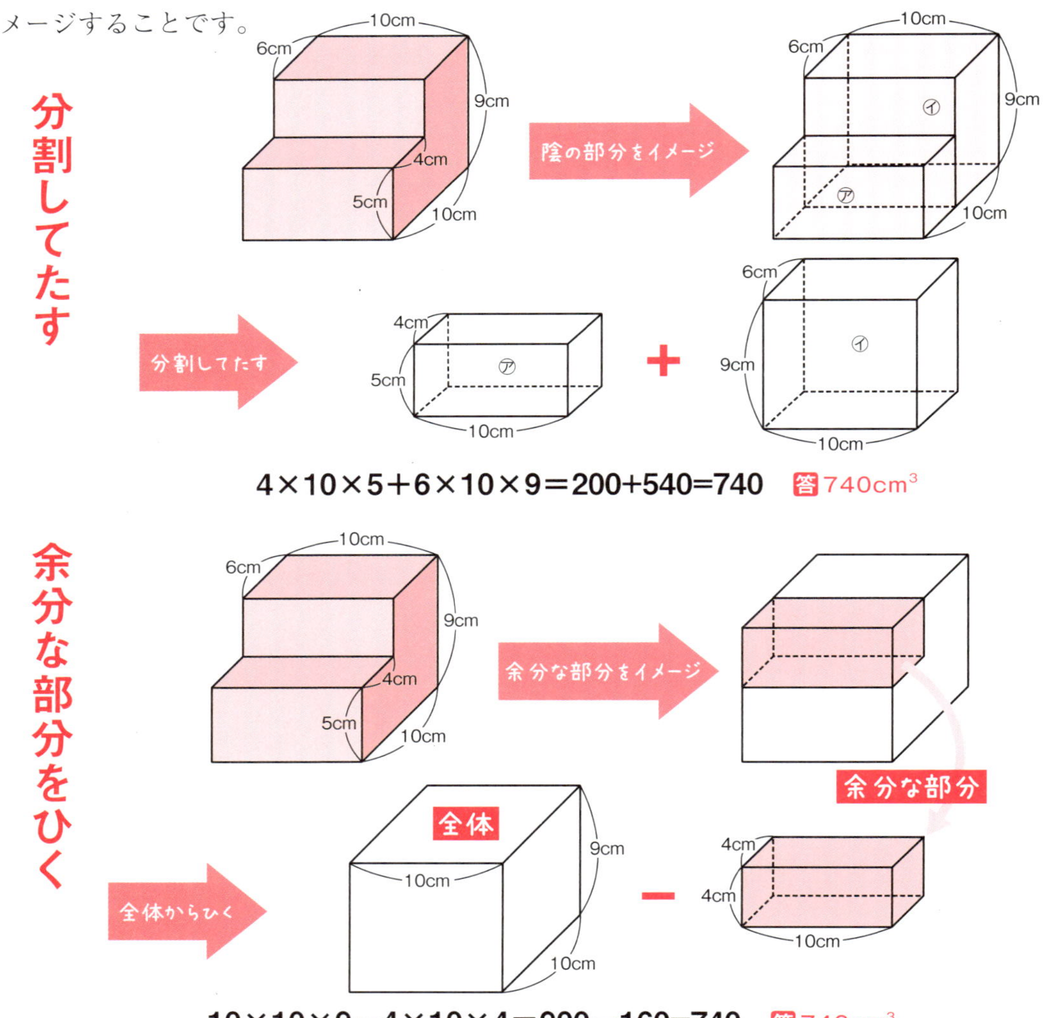

$4\times10\times5+6\times10\times9=200+540=740$　答 $740cm^3$

$10\times10\times9-4\times10\times4=900-160=740$　答 $740cm^3$

容器の容積

容器に入る水の体積を容積といいます。容積の単位はcm^3の他にもL（リットル）も用いられます。容器に入れる水の体積（cm^3）を1000でわるとLで表すことができます。

水のかさと体積の関係
$1000cm^3=1L$

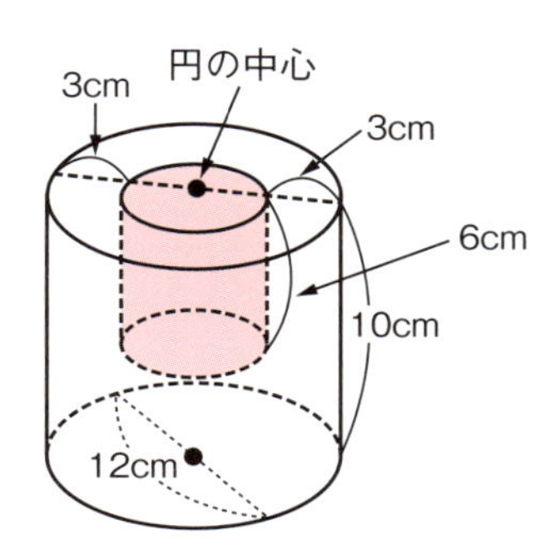

右の図のような円柱の形をした容器をつくりました。

(1) この容器の容積（色がついている内側部分）を求めましょう。

円柱の体積=円の面積×高さより$3\times3\times3.14\times6=169.56$（$cm^3$）

体積cm^3を1000で割ってLに変換すると　$169.56\div1000=0.16956$　答 0.16956L

(2) この容器の体積（色がついていない外側部分）を求めましょう。

余分な部分をひく

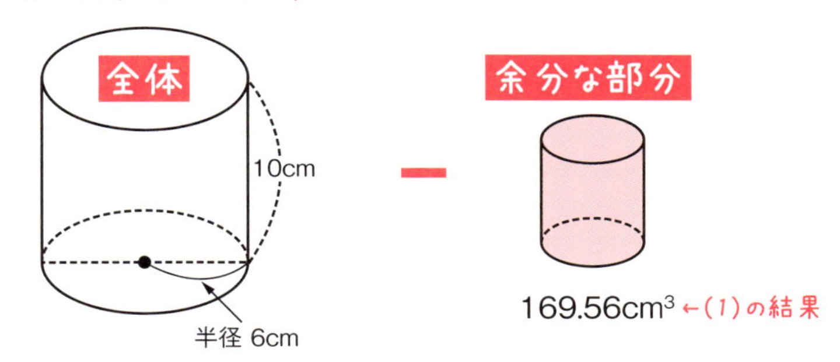

$6\times6\times3.14\times10-169.56=1130.4-169.56=960.84$　答 $960.84cm^3$

まとめ

① 複雑な形の体積を求めるには、「分割してたす」「余分なものをひく」
② 立体の陰の部分や余分な部分をイメージすることが大切
③ 水の体積$1000cm^3=1L$

③複雑な立体の体積・容積　日付　　月　　日(　)

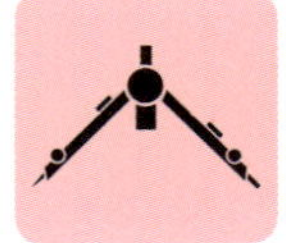

復習ドリル

タイム　　分　　秒

合計　　/100点

基本問題　（目標3分/各10点）

1　1L＝（　　　）mL

2　$2000cm^3$＝（　　）L

3　15dL＝（　　　）cm^3

4　右の図の立体の体積を求めましょう。

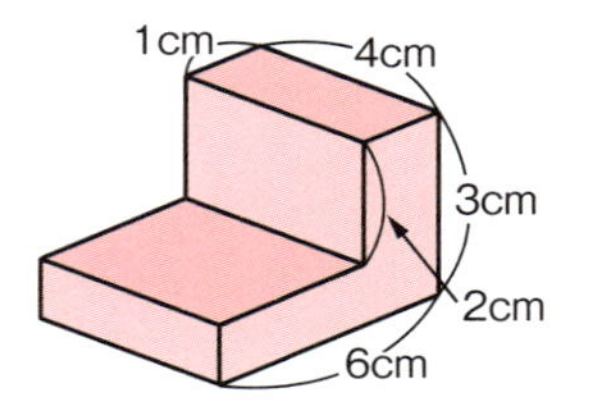

5　右の図の立体の体積を求めましょう。

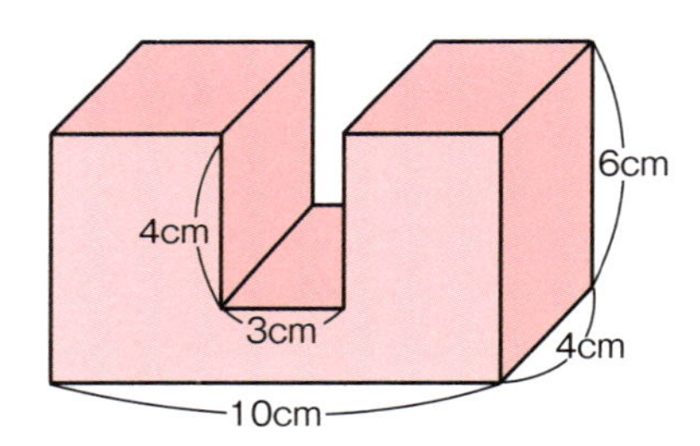

6　右の図の立体の体積を求めましょう。

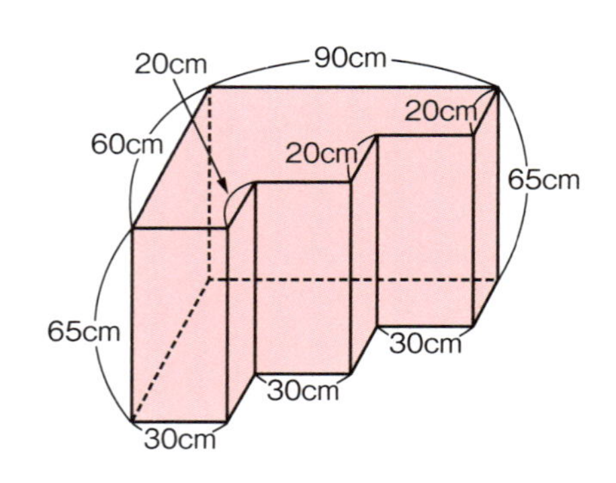

応用問題 （目標2分/各10点）

1 12.3㎤＋25dL＝（　　　　　）L

2 たて20cm、よこ25cm、深さ30cmの大きさの水そうに水が半分入っています。
ここに石を全部しずめたら、水面が2cm上がりました。この石の体積を求めましょう。

3 右の図の立体の体積を求めましょう。

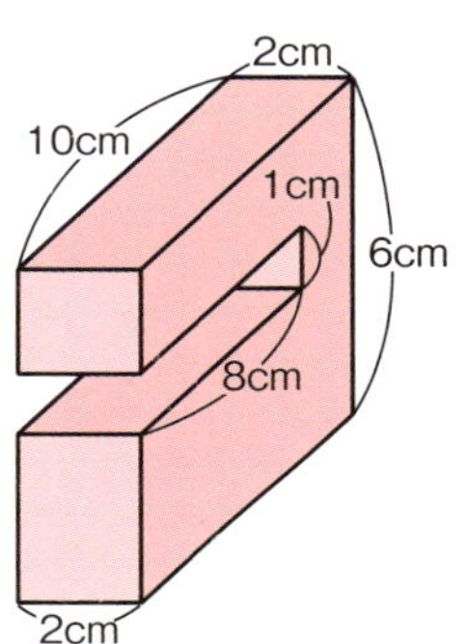

4 1辺が1cmの立方体を右の図のように積み重ねたときの立体全体の体積を求めましょう。

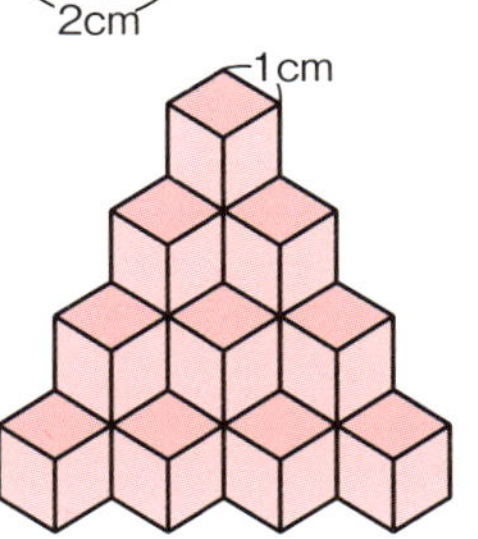

解　答

基本問題

1 1000

2 2

3 1500

4 1×4×2+6×4×1=32　答 $32cm^3$

5 4×10×6−4×3×4=192
答 $192cm^3$

6 60×30×65+40×30×65+20×30×65
=234000　答 $234000cm^3$

応用問題

1 $12.3cm^3$＋25dL＝0.0123L+2.5L＝2.5123L
答 2.5123

2 20×25×2=1000　答 $1000cm^3$

3 10×2×6−8×2×1=104　答 $104cm^3$

4 1×1×1×(10+6+3+1)=20　答 $20cm^3$

第3章 図形 ｜ 3-2 立体図形

第3章
図形

3-2
立体図形

④見取り図・展開図

立体の展開図から体積・表面積を求める

立体の表現方法
見取り図は奥行き　展開図は面の形

見取り図・展開図

立方体・三角柱・円柱など立体の形の奥行きがわかるように描いた図を見取り図といいます。立体を切り開いて広げた図を展開図といいます。

見取り図 ⇔ **立体** ⇔ **展開図**

立体の奥行きがわかる　　立体のすべての面の形がよくわかる

立方体の見取り図

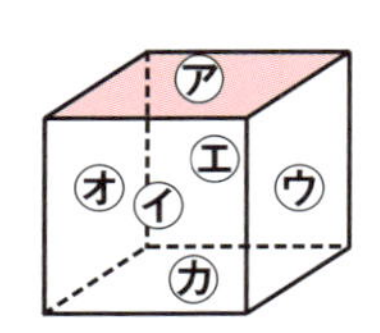

立方体

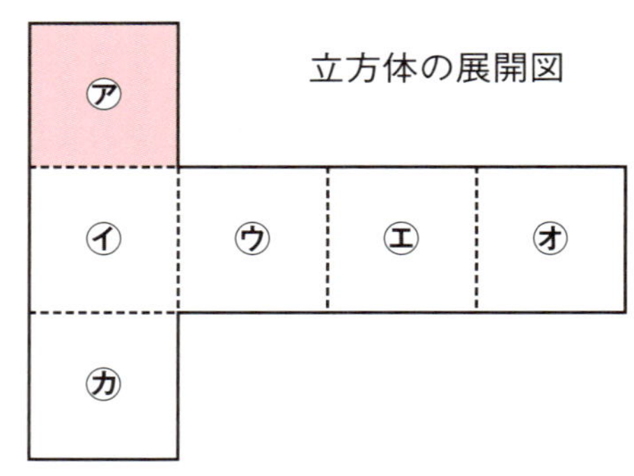

立方体の展開図

立方体の見取り図の６つの面㋐から㋕と見取り図の面㋐から㋕の対応を確認してみましょう。

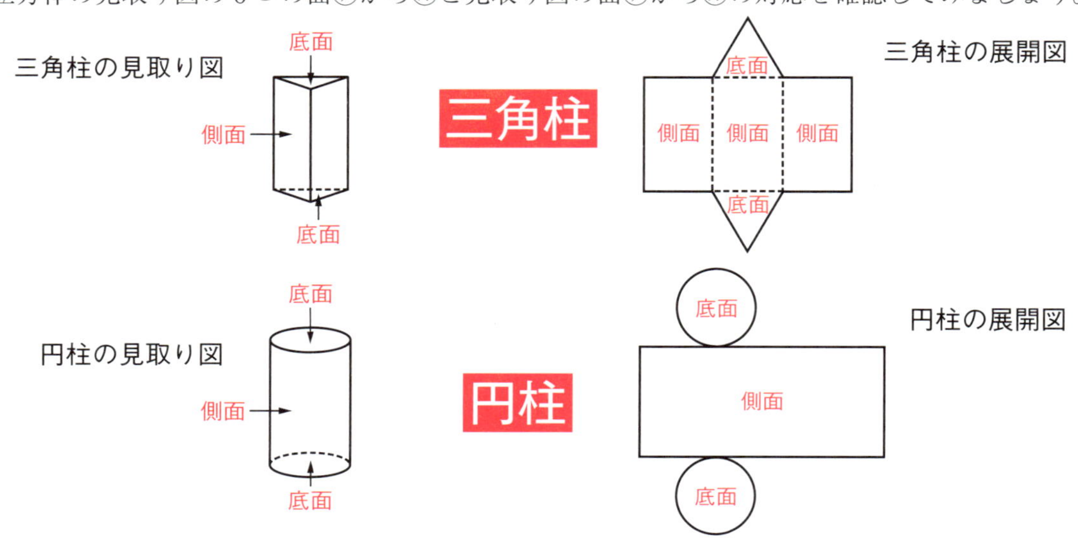

円すいの見取り図・展開図から体積・表面積を求める

（現在は中1数学の範囲）

円すいの底面が円であることは見取り図でわかります。側面がおうぎ形であることは展開図にしてみるとよくわかります。

円すいの展開図

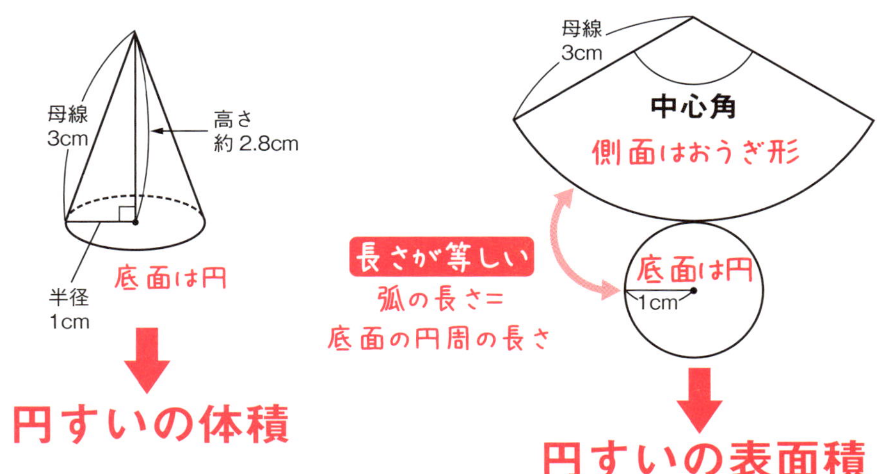

円すいの体積

円すいの体積は円の面積×高さ×$\frac{1}{3}$

＝半径×半径×3.14×高さ×$\frac{1}{3}$

底面積は1×1×3.14＝3.14（cm^2）

体積は3.14×約2.8×$\frac{1}{3}$≒2.931（cm^3）

答 約2.931cm^3

円すいの表面積

底面積は円の面積

＝1×1×3.14＝3.14（cm^2）

＋

側面の面積はおうぎ形の面積

おうぎ形の弧の長さは底面の円周の長さ

＝1×2×3.14

＝6.28（cm^3）

弧の長さ＝円周の長さ×$\frac{中心角}{360}$

$6.28 = 3 \times 2 \times 3.14 \times \frac{中心角}{360}$

$\frac{中心角}{360} = \frac{1}{3}$ ➡ 中心角＝120°

おうぎ形の面積は円の面積×$\frac{中心角}{360}$

$= 3 \times 3 \times 3.14 \times \frac{1}{3}$

$= 9.42$（cm^2）

円すいの表面積＝底面積＋おうぎ形の面積

＝3.14＋9.42

＝12.56　答 12.56cm^2

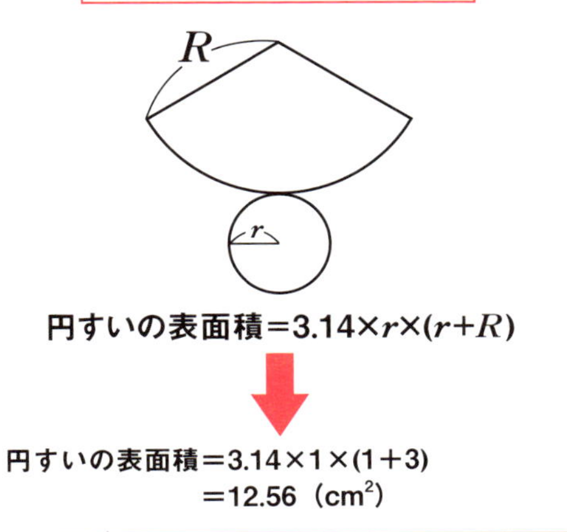

円すいの表面積＝3.14×r×(r＋R)

円すいの表面積＝3.14×1×(1＋3)

＝12.56（cm^2）

まとめ

① 見取り図は立体の奥行きがわかる図

② 展開図は立体のすべての面の形がよくわかる図

③ 円すいの表面積は展開図にしてみるとわかりやすい

第3章 図形　3-2 立体図形

復習ドリル

タイム　分　秒　　合計　/100点

基本問題　(目標3分/各10点)

見取り図の立体の名前を書きましょう。

1
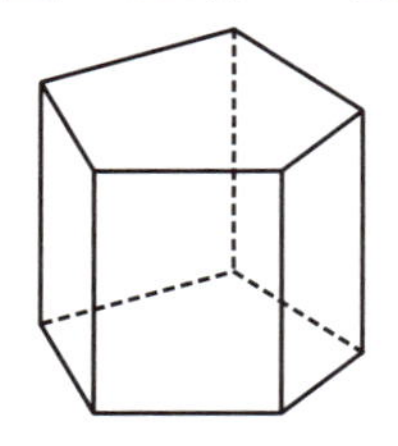

2
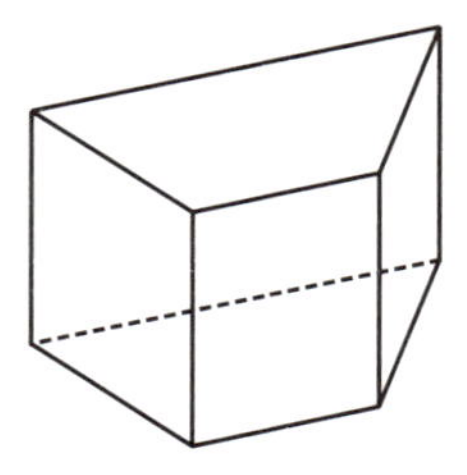

3
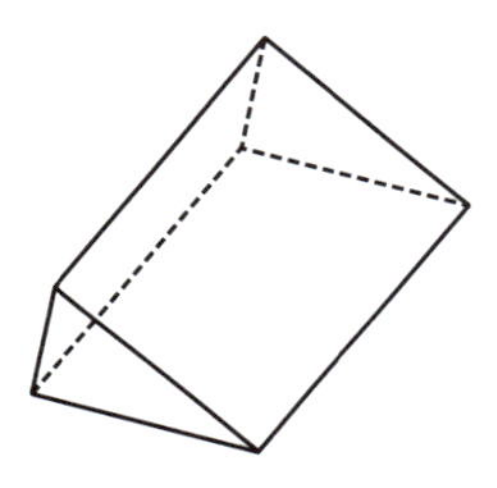

4
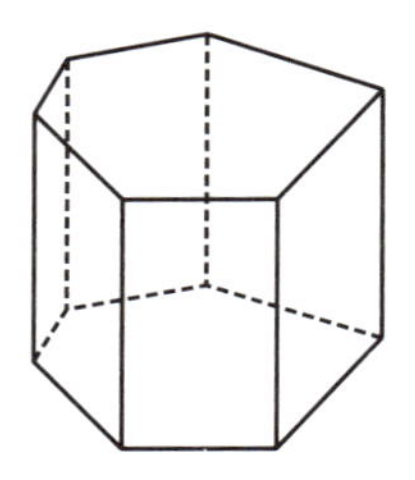

5　次の展開図を組み立てたとき、できる立体の名前を書きましょう。

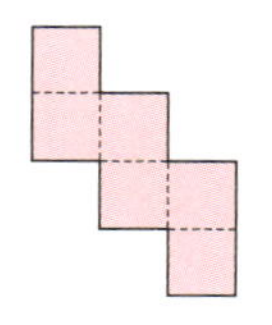

6　下の図の三角柱の見取り図から方眼に展開図をかいてみましょう。方眼は1めもり1cmです。

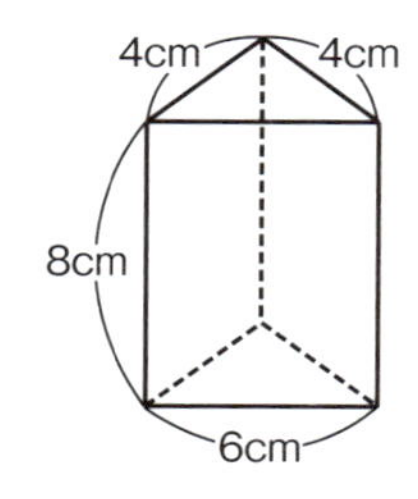

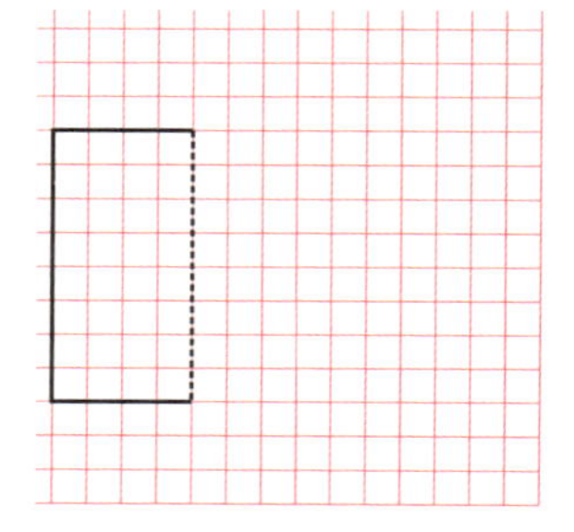

応用問題

（目標2分/各10点）

1 展開図から組み立てられる立体の見取り図をかいてみましょう。

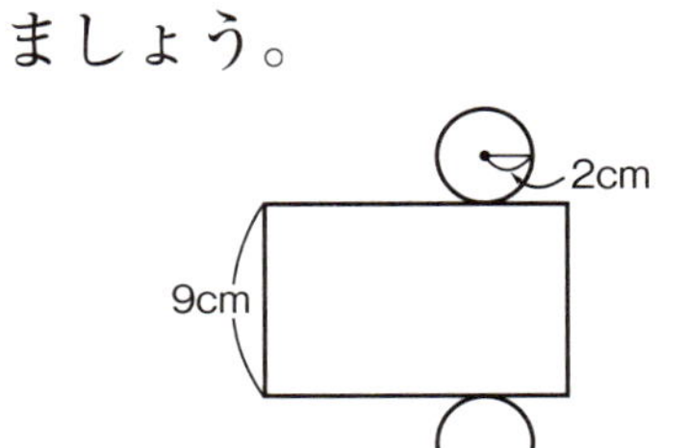

2 展開図から組み立てられる立体の体積を求めましょう。

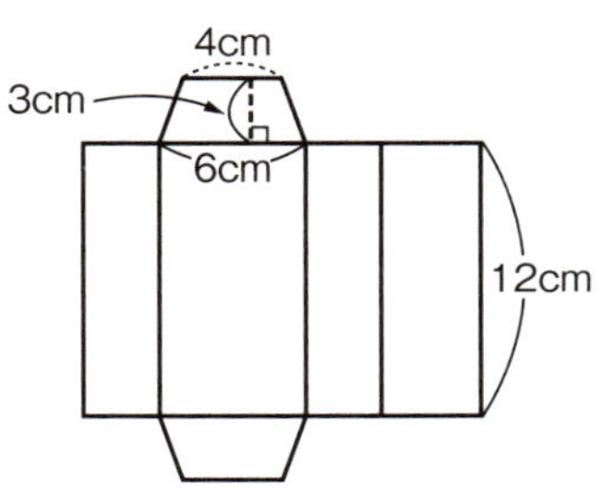

3 下の図は円すいの展開図です。側面のおうぎ形の中心角を求めましょう。

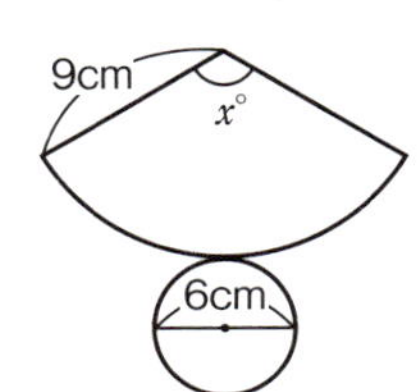

4 下の図は円すいの展開図です。底面の半径を求めましょう。

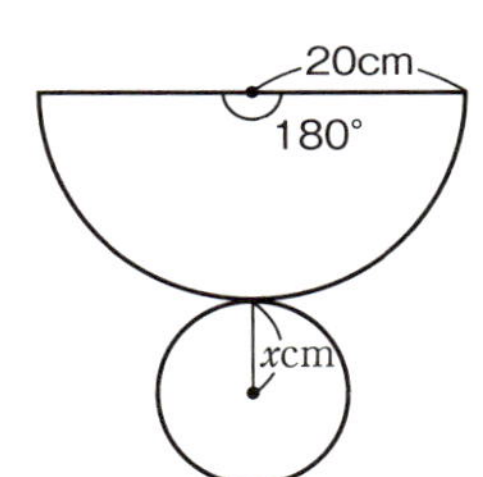

解　答

基本問題

1 五角柱
2 四角柱
3 三角柱
4 六角柱
5 立方体
6 （例）

応用問題

1

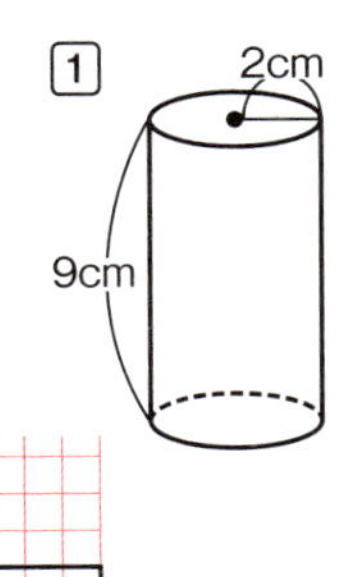

2 $(4+6)\times3\div2\times12=180$　答 180cm^3

3 底面の円周は　6×3.14 (cm) ↔ 中心角 $=x°$

側面のおうぎ形全体の円周は

18×3.14 (cm) ↔ 中心角 $=360°$

$360 : x=(18\times3.14) : (6\times3.14)$

$=3 : 1$　　$x=360\div3=120$　答 120°

4 おうぎ形の弧の長さは $40\times3.14\div2$ (cm)

底面の円周の長さは $x\times2\times3.14$ (cm)

これら2つの長さは等しいことから

$x\times2\times3.14=40\times3.14\div2$

$x\times6.28=6.28$　$x=10$

答 10cm

第4章
数量関係

4-1
割合

①百分率・歩合

消費税の税率は「%」それとも「割」

割合の表し方	%や割	15%	3割
計算	比べられる量＝もとにする量×割合	×0.15	×0.3

百分率

百分率は、もとにする量を100とみた割合の表し方です。
割合を表す0.01を1%（1パーセント）と表します。

歩合

歩合とは、もとにする量を10とみた割合の表し方です。
割合を表す0.1を1割（1わり）、0.01を1分（1ぶ）、0.001を1厘（1りん）と表します。

小数の割合	1	0.1	0.01	0.001
百分率	100%	10%	1%	0.1%
歩合	10割	1割	1分	1厘

小数の割合 ×100 百分率

0.15 ×100＝ 15（%）
0.034 ×100＝ 3.4（%）
0.902 ×100＝ 90.2（%）

小数の割合 0.456

歩合 4割 5分 6厘

百分率の問題

「1000円の25%は250円」「1000人の60%は600人」「10Lの10%は1L」のような文章はかけ算の式で表すことができます。

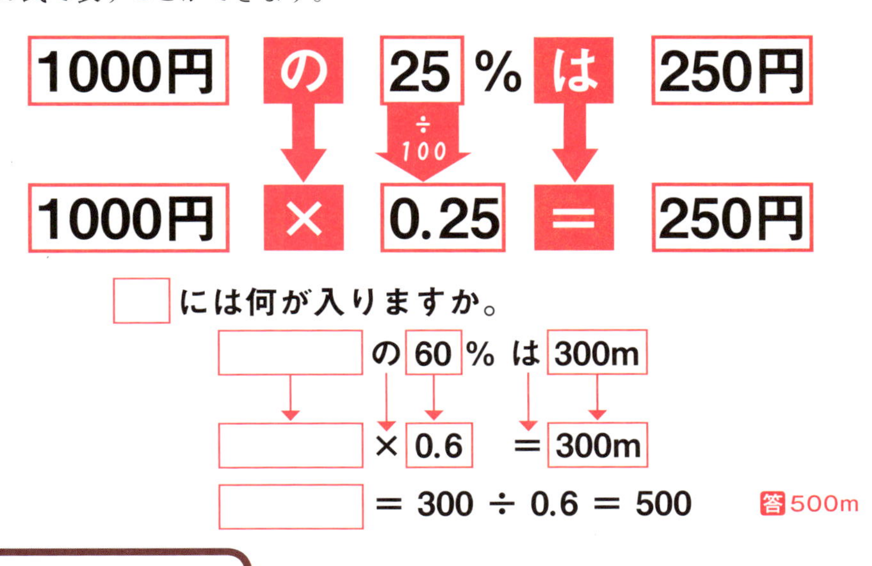

□には何が入りますか。

□の60%は300m
□×0.6＝300m
□＝300÷0.6＝500

答 500m

歩合の問題

「1000円の1割2分3厘は123円」「1000gの6割は600g」「$100m^3$の5分は$5m^3$」のような文章はかけ算の式で表すことができます。

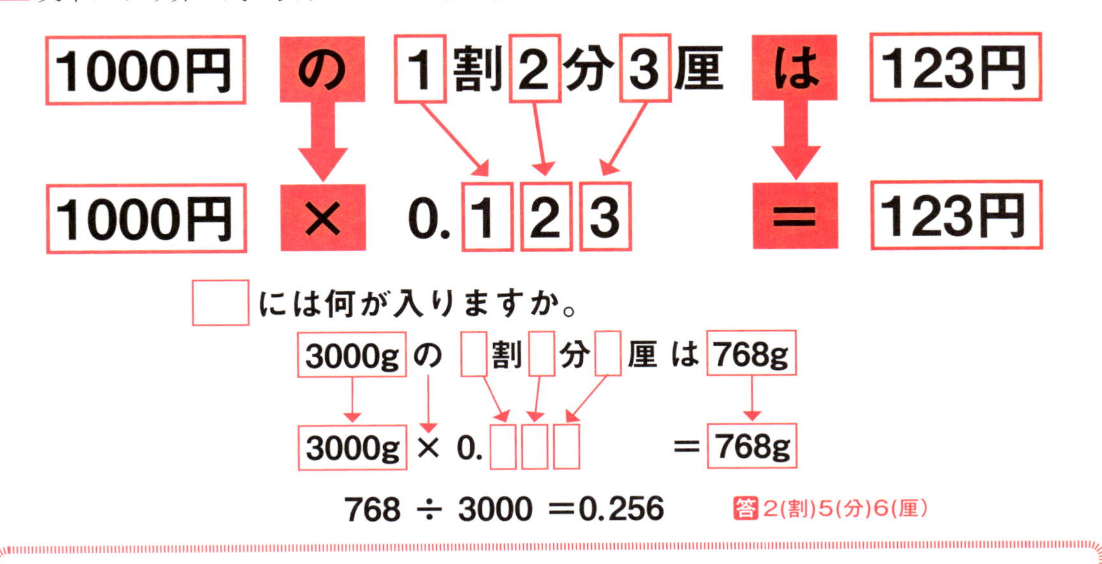

□には何が入りますか。

3000gの□割□分□厘は768g
3000g×0.□□□＝768g
768÷3000＝0.256

答 2(割)5(分)6(厘)

まとめ

●比べられる量を求めるときの百分率・歩合の問題は「かけ算」の式に表して考える

①百分率・歩合　　日付　　月　　日(　)

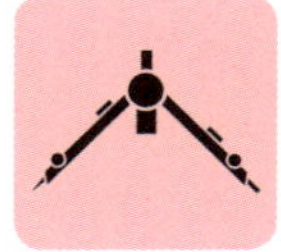

復習ドリル

タイム　　分　　秒

合計　　/100点

基本問題　（目標3分/各10点）

小数で表した割合を百分率または歩合で表しましょう。

1　0.35 =（　　　）%

2　0.234 =（　）割（　）分（　）厘

百分率または歩合で表した割合を小数で表しましょう。

3　20% =（　　　）

4　6分7厘 =（　　　）

5　65人は100人の（　　）%です。

6　1000mの30%は（　　　）mです。

応用問題

（目標2分/各10点）

1 60kgは（　　　）kgの30%です。

2 120Lは300Lの（　　）%です。

3 本を65ページ読み進めました。残りは全体の35%です。この本は何ページありますか。

4 1500円の40%は500円の（　　）%にあたります。

解　答

基本問題

1 35
2 (2) 割 (3) 分 (4) 厘
3 0.2
4 0.067
5 65
6 300

応用問題

1 （　　）×0.3=60 ➡ （　　）=60÷0.3=200　答200
2 300×（　　）=120 ➡ （　　）=120÷300=0.4→40%　答40
3 65÷(1−0.35)=100　答100ページ
4 1500円の40%は1500×0.4=600（円）、600÷500=1.2→120%　答120

第4章
数量関係

4-1
割合

②百分率のグラフ

見てすぐ割合がわかるようにする方法がグラフ

円グラフと帯グラフはどちらも、全体に対する部分の割合を面積で表したものです。使い方のちがいがあります。

円グラフ ➡ 全体に対する部分の割合がわかりやすい

帯グラフ ➡ 複数の帯グラフを並べて比較できる

円グラフ

全体を円として、円をいくつかのおうぎ形に区切り、その面積（中心角の大きさ）によってそれぞれの部分の割合を表します。

好きな果物調べ（全校生徒600人）

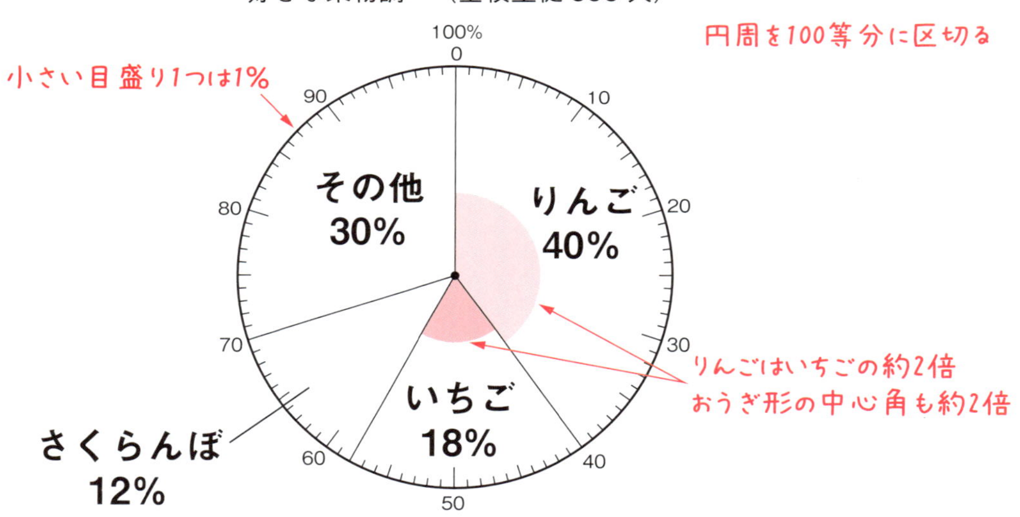

円グラフをつくるときに気をつけること
①まず部分の割合を百分率で求めた合計が100%になるようにします。
②項目はふつう、時計の針の12時の位置から時計回りに割合が大きい順に並べます。
③その他は割合が一番大きくても、一番最後に並べます。

調査した人数は600人です。種類別の人数をそれぞれ求めましょう。

りんご　600人×0.4＝240人
いちご　600人×0.18＝108人
さくらんぼ　600人×0.12＝72人
その他　600人×0.3＝180人

帯グラフ

全体を長方形で表し、それぞれの部分の量をその割合によって直線で区切って表します。

血液型調べ

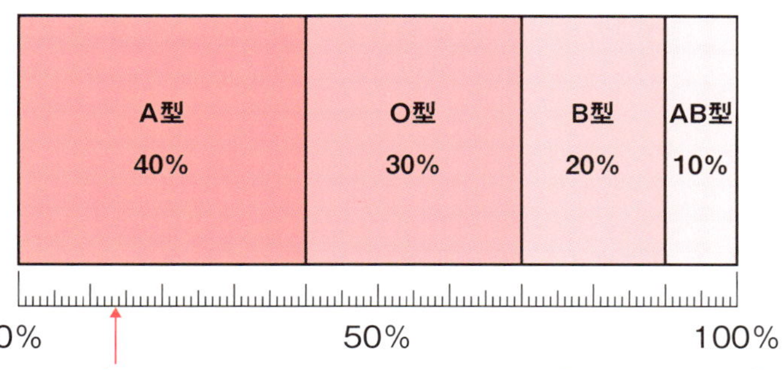

小さい目盛り1つは1%

長方形を100等分に区切る

帯グラフをつくるときに気をつけること

①まず部分の割合を百分率で求め、合計が100%になるようにします。

②項目はふつう、左から割合が大きい順に並べます。

③その他は割合が一番大きくても、一番最後に並べます。

複数の帯グラフをたてに並べて比較

年代別、クラス別のアンケート結果などをたてに並べて比べることができるのが帯グラフの特徴です。西暦別の結果を帯グラフにしてたてに並べた場合には、年ごとの割合の移り変わりを示すことができます。

クラスごとの比較

飼いたい動物調べ

	犬	ネコ	ウサギ	その他
1組	54%	21%	17%	8%
2組	45%	29%	16%	10%

年ごとの比較

携帯電話の料金プランの選び方

	プランA	プランB	プランC	プランD
2015年	42%	29%	16%	13%
2016年	32%	26%	18%	24%

割合の移り変わりがわかる

帯グラフをたてに並べるときに気をつけること

①帯の長さをそろえること。

②項目を並べる順番をすべての帯グラフで同じにする。

まとめ

① 円グラフ・帯グラフは割合をわかりやすく示すための方法

② 円グラフ・帯グラフの項目はふつう、割合が大きい順に、その他は最後に書く

③ 帯グラフはたてに並べて比べることができることが特徴

②百分率のグラフ

日付　　月　　日（　）

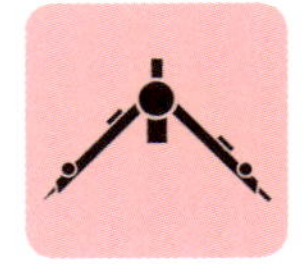

復習ドリル

タイム　　分　　秒

合計　　/100点

基本問題　（目標3分/各10点）

次の表は、あるクラスの好きな動物とその人数を表したものです。

1　表の㋐㋑㋒㋓を書きましょう。
ただし、割合は小数第三位を四捨五入して百分率を整数で求めます。

好きな動物調べ

動物	人数（人）	百分率（%）
犬	14	㋐
ネコ	12	㋑
ウサギ	5	㋒
その他	7	㋓
合計	38	100

2　表を帯グラフに表してみましょう。

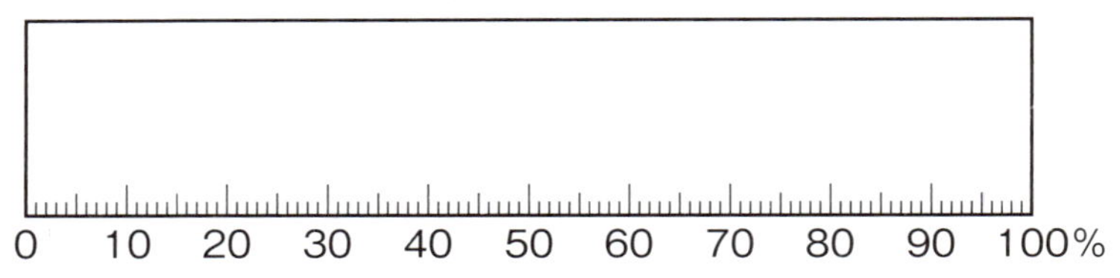

次の円グラフは、ある家庭の生活費のうちわけの割合を表したものです。

生活費のうちわけの割合

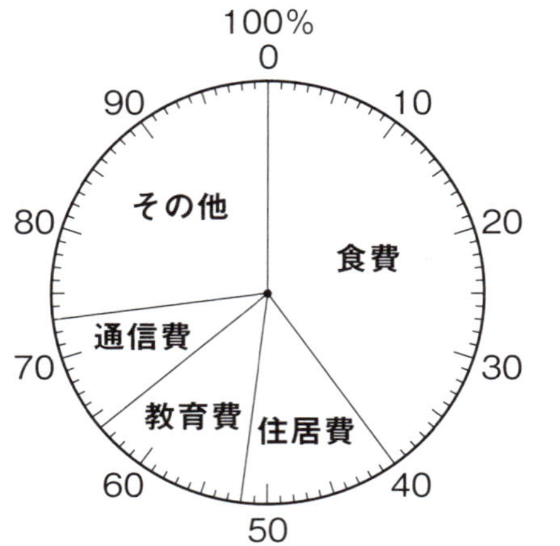

3　食費は全体の何%ですか。

4　住居費は全体の何%ですか。

5　教育費は全体の何%ですか。

6　食費は通信費の何倍ですか。小数第二位を四捨五入して求めましょう。

応用問題 （目標2分/各10点）

次の帯グラフは、ある小学校の児童500人の住所を調べて、それぞれが住んでいる町の人数の割合を表したものです。

住んでいる町の人数の割合

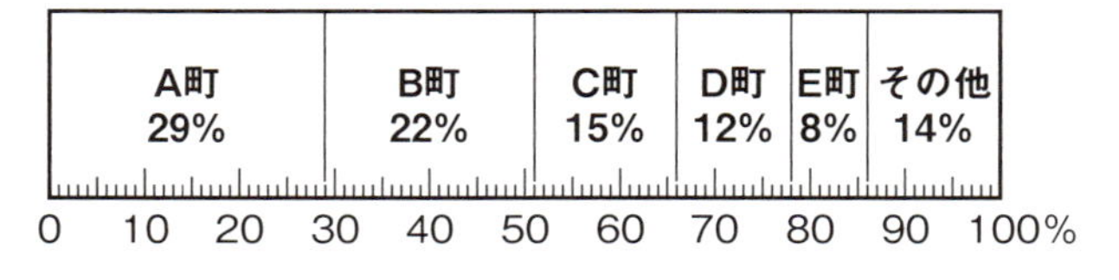

1 A町に住んでいる人数は何人ですか。

2 B町に住んでいる人数はE町に住んでいる人数の何倍ですか。

右の円グラフは、ある小学校の5年生の好きなスポーツを調べて、それぞれ好きなスポーツの割合を表したものです。

3 サッカーの好きな人は60人でした。5年生の人数は何人ですか。

4 野球の好きな人は何人ですか。

好きなスポーツ調べ

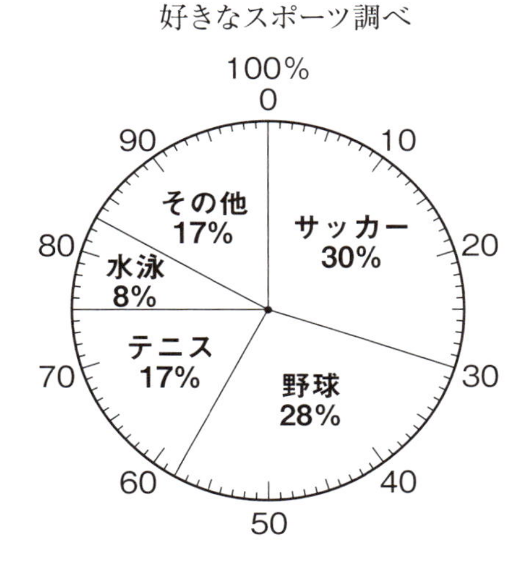

解答

基本問題

1 ㋐37 ㋑32 ㋒13 ㋓18

2

好きな動物調べ

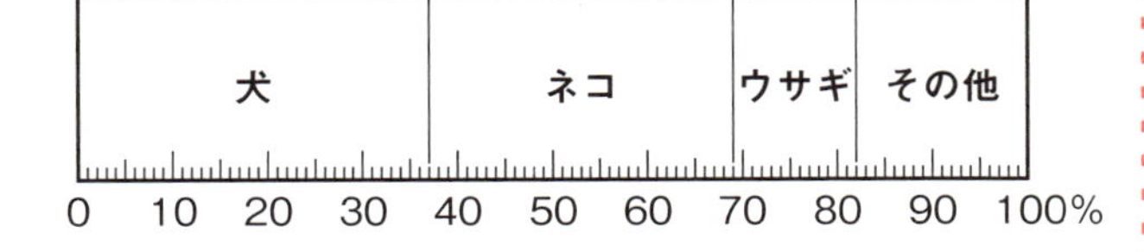

3 40%

4 12%

5 12%

6 $40 \div 9 = 4.44\cdots\cdots$ 答 4.4倍

応用問題

1 $500 \times 0.29 = 145$ 答 145人

2 $22 \div 8 = 2.75$ 答 2.75倍

3 $60 \div 0.3 = 200$ 答 200人

4 $200 \times 0.28 = 56$ 答 56人

第4章 数量関係

4-2 比

①比

比の値と割合の関係。比を簡単にするには

2つの数量の割合を記号「:」を用いて表したものが比です。

比　1：5　の　比の値　1÷5＝0.2

「かける」「わる」で比を簡単に

4：20＝2：10＝1：5

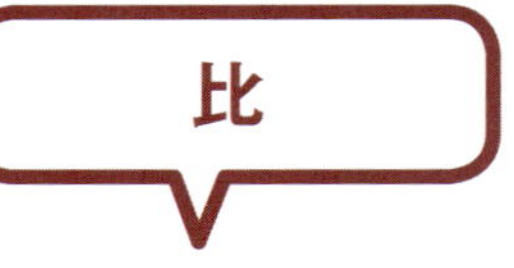

比

2つの数量の割合を記号「：」を用いて表したものを比といいます。
たとえば、1と5の比は1：5と書いて、「一対五」と読みます。

たかし君となおや君のボールの数の**比**

比の値

1：5の比の、1を5でわった商を比の値といいます。A：Bの比の値は、分子をA、分母をBとした分数で表せます。

$$比\ 1:5 \Rightarrow 比の値\ 1 \div 5 = \frac{1}{5}$$

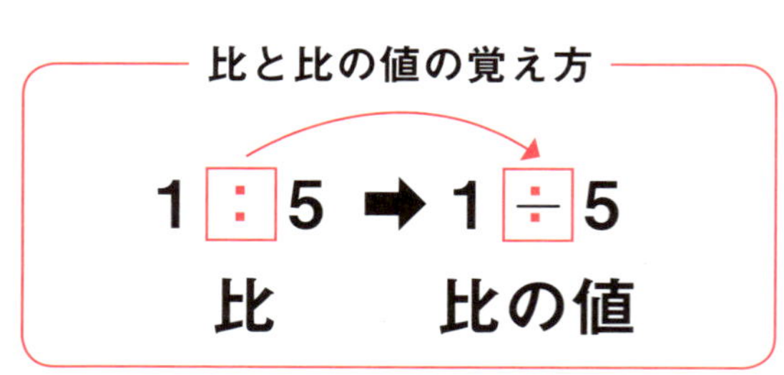

比と比の値と割合の関係

下の例のように、玉が5個入った中に白玉が1個含まれるとき、白玉の数と全体の数の比1：5の、比の値（分数）は小数で表した割合は0.2で、百分率で表した割合は20%ということです。

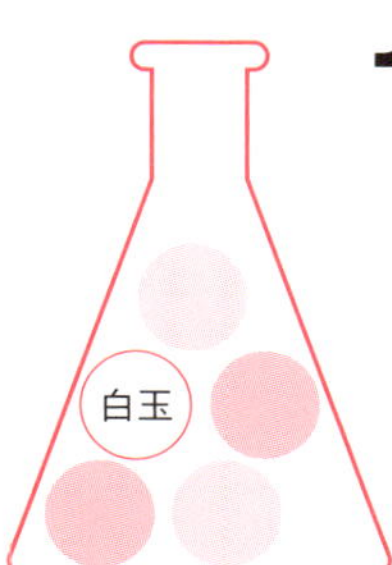

白玉の数 と 全体の数の比

1 ： 5 ➡比の値＝$\frac{1}{5}$＝0.2➡20%

分数　小数　百分率　×100

白玉の数の全体の数に対する割合は20%

比を簡単にする

A：Bのとき、AとBに同じ数をかけても同じ数でわっても、比は等しい。

$$4:6=2:3$$

÷2　÷2　できるだけ小さい整数になおす

$$36:12=18:6=6:2=3:1$$

÷2　÷3　÷2

$$\frac{3}{5}:\frac{6}{7}=7:10$$

×35　÷3

$\frac{3}{5}:\frac{6}{7}$　分母の5と7の最小公倍数35をかける

$=(\frac{3}{5}\times 35):(\frac{6}{7}\times 35)$

$=(3\times 7):(6\times 5)$　分子の3と6の最大公約数3でわる

$=7:10$

まとめ

① 2つの数量をそのまま並べて表したのが比
② 比の記号「：」の左側の数を分子、「：」の右側の数を分母にした分数が比の値
③ 分数の比は最小公倍数などを用いて、分数の比を整数の比になおす

①比

日付　　月　　日(　)

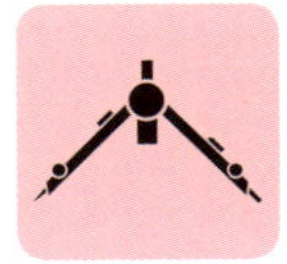

復習ドリル

タイム　　分　　秒

合計　　/100点

基本問題　（目標3分/各10点）

次の比を簡単にしましょう。

1　12：3

2　35：14

3　56：16

4　0.2：1.6

5　6：3.6

6　$\frac{1}{3}:\frac{1}{2}$

応用問題 （目標2分/各10点）

次の比を簡単にしましょう。

1 $\frac{6}{7}:\frac{2}{3}$

2 1.8：4

次の比の値を求めましょう。

3 3：4

4 $\frac{1}{5}:\frac{2}{7}$

解　答

基本問題

1 4:1
2 5:2
3 7:2
4 1:8
5 5:3
6 2:3

応用問題

1 $\frac{6}{7}:\frac{2}{3}=\left(\frac{6}{7}\times 21\right):\left(\frac{2}{3}\times 21\right)=18:14=9:7$ 答9:7

2 (1.8×10):(4×10) =18:40= (18÷2):(40÷2) =9:20 答9:20

3 3÷4=0.75 答0.75

4 $\frac{1}{5}\div\frac{2}{7}=\frac{1}{5}\times\frac{7}{2}=\frac{7}{10}$ 答$\frac{7}{10}$

第4章 数量関係

4-2 比

②比例式・比の文章題

比例式を立てることで問題が解ける

$6×2=12$

$6:4=3:2$ 等しい

$4×3=12$

比例式

6:4＝3:2のように比が等しいことを表した式を**比例式**といいます。
比例式 $a:b=c:d$ の**外側**の a と d を外項、内側の b と c を**内項**といいます。

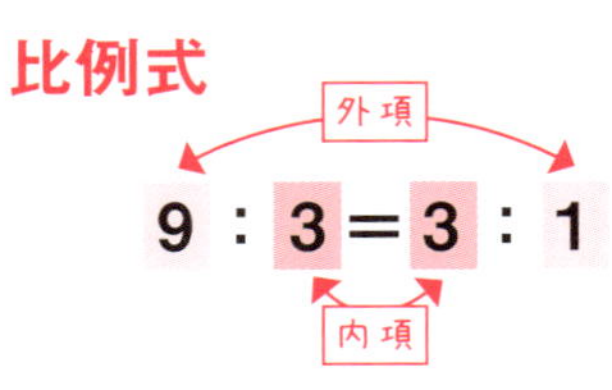

比例式の性質

比例式には、外項どうしの積と内項どうしの積が等しいという性質があります。

外項どうしの積 9×1

比例式 9：3＝3：1 → 9×1＝3×3（外項どうしの積＝内項どうしの積）

内項どうしの積 3×3

次の□にあてはまる数を求めてみましょう。

(1) 4：6＝□：9 →

外項どうしの積＝内項どうしの積

4×9＝6×□

36＝6×□

□＝36÷6＝6　答 6

(2) 3.4：□＝2.5：8.5 →

外項どうしの積＝内項どうしの積

3.4×8.5＝□×2.5

28.9＝□×2.5

□＝28.9÷2.5＝11.56　答 11.56

(3) $\frac{3}{5}:\frac{9}{2}=\square:\frac{9}{4}$ →

外項どうしの積＝内項どうしの積

$\frac{3}{5}\times\frac{9}{4}=\frac{9}{2}\times\square$

$\frac{27}{20}=\frac{9}{2}\times\square$

$\square=\frac{27}{20}\div\frac{9}{2}=\frac{27}{20}\times\frac{2}{9}=\frac{3}{10}$　答 $\frac{3}{10}$

比の文章題

比をあつかった文章題は、線分図をかくことで問題の内容がよくわかるようになり、計算式も立てやすくなります。

比の文章題は線分図をかく ➡ 式を立てる

文章題のパターン① 比の一方の量を求める問題

たてとよこの長さの比が3：4になる長方形をつくります。
よこの長さを20cmにすると、たての長さを何cmにすればいいでしょうか。

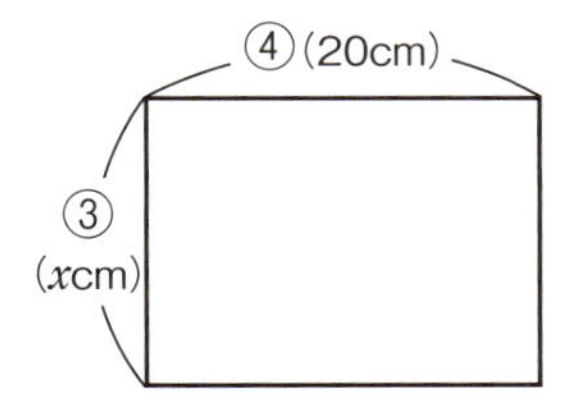

たての長さを x cmとします。
たて：よこ の比例式を立てます。

$3:4=x:20$ ➡ 外項どうしの積＝内項どうしの積
$3\times20=4\times x$
$60=4\times x$
$x=60\div4=15$ 答 15cm

文章題のパターン② 全体を比で分ける問題

全部で100本の鉛筆を兄弟で分けます。
兄と弟で3：2の割合で分けるとき、兄と弟の鉛筆の本数はそれぞれ何本でしょうか。

兄を3、弟を2とすると
全体は3＋2＝5 ➡ 兄は $5:3=100:\square$
$5\times\square=3\times100$
$\square=60$

弟は
$100-60=40$

答 兄60本、弟40本

文章題のパターン③ 全体を求める問題

長いロープを切り分けました。最初に半分の長さを切り取り、次に残りのロープの長さの3分の1を切り取りました。最後にロープは20cm残りました。最初のロープは何cmだったでしょうか。

はじめの長さを△cm、はじめの長さの半分の長さを□cmとして、問題文を線分図におきかえる

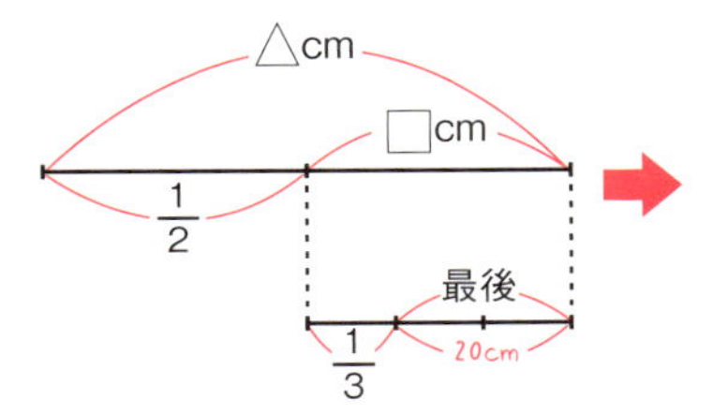

➡ 最後に残った分は、はじめの長さの半分の$\frac{2}{3}$にあたるから
最後に残った分：はじめの長さの半分＝2：3＝20：□ □＝30
はじめの長さ：はじめの長さの半分 ＝2：1＝△：30 △＝60

答 60cm

まとめ

① 比例式を外項どうしの積＝内項どうしの積にする
② 比の文章題は線分図におきかえることで、比例式が立てやすくなる

②比例式・比の文章題

日付　　月　　日(　)

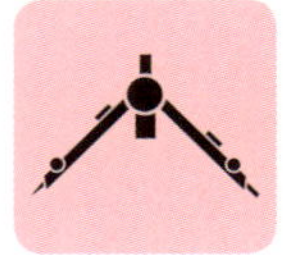

復習ドリル

タイム　　分　　秒

合計　　/100点

基本問題　(目標3分/各10点)

xの値を求めましょう。

1 $6 : 7 = 12 : x$

2 $8 : x = 4 : 10$

3 $x : 12 = 15 : 36$

4 $1.5 : 2 = 4.5 : x$

5 $7 : x = 8 : 9$

6 $\frac{1}{2} : x = \frac{1}{3} : \frac{1}{4}$

応用問題 （目標2分/各10点）

1 たてとよこの長さの比が2：3の長方形があります。たての長さが20cmのとき、よこの長さは何cmですか。

2 長さ12mのロープがあります。このロープを5：3の割合に分けます。短い方のロープの長さは何mですか。

3 2万円を兄と弟で7：3の割合に分けます。弟の取り分は何円ですか。

4 ドレッシングをつくるのに、オイルとしょうゆを2：1の割合でまぜてから、お酢を30mL入れて、150mLにします。オイルは何mL必要ですか。

解答

基本問題

1 $6\times x=7\times 12$　$6\times x=84$　$x=84\div 6=14$　答 14

2 $8\times 10=x\times 4$　$80=x\times 4$　$x=80\div 4=20$　答 20

3 $x\times 36=12\times 15$　$x\times 36=180$　$x=180\div 36=5$　答 5

4 $1.5\times x=2\times 4.5$　$1.5\times x=9$　$x=9\div 1.5=6$　答 6

5 $7\times 9=x\times 8$　$x=\frac{63}{8}$　答 $\frac{63}{8}$

6 $\frac{1}{2}\times\frac{1}{4}=x\times\frac{1}{3}$　$x=\frac{1}{8}\div\frac{1}{3}=\frac{3}{8}$　答 $\frac{3}{8}$

応用問題

1 よこの長さを$x$cmとします。$2:3=20:x$　$2\times x=3\times 20$　$x=60\div 2=30$　答 30cm

2 短い方のロープの長さをxmとします。$(5+3):3=12:x$　$8\times x=36$　$x=4.5$　答 4.5m

3 弟の取り分をx円とします。$(7+3):3=20000:x$　$10\times x=60000$　$x=6000$　答 6000円

4 $150-30=120$　オイルの量をxmLとします。$(2+1):2=120:x$　$3\times x=240$　$x=80$　答 80mL

第4章
数量関係

4-3
比例と反比例

①比例

変化する数どうしの関係の基本

1本50円の鉛筆10本の代金は500円 ➡ 代金y円は鉛筆の本数x本に比例

yはxに比例する

y ＝ 定数 × x

比例の関係の表し方【表】

1本50円の鉛筆の本数と代金の関係は比例の関係にあります。これを表で表すと次のようになります。上段に本数（本）、下段に代金（円）を書きます。

1本50円の鉛筆の本数と代金の関係

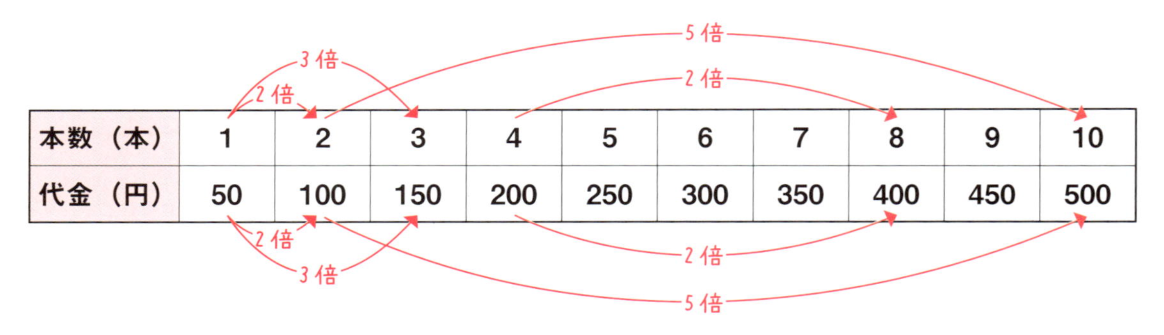

本数（本）	1	2	3	4	5	6	7	8	9	10
代金（円）	50	100	150	200	250	300	350	400	450	500

本数が2倍、3倍、…になると、それにともない、代金も2倍、3倍、…になります。

比例の関係の表し方【文章】

比例の関係の表し方がいくつかあります。「比例する」「比例の関係」のちがいです。

比例の関係の表し方①（　）と（　）は比例の関係にある
➡（代金）と（本数）は比例の関係にある

比例の関係の表し方②（　）は（　）に比例する ➡（代金）は（本数）に比例する

比例の関係の表し方③（　）と（　）は比例する ➡（代金）と（本数）は比例する

比例の関係の表し方【式】

比例の関係を式で表すには、ことばの式で表せますが、2つの変化する量をxとyといった文字で表します。1本50円の鉛筆の本数をx本、代金をy円とすると、xとyは次のように表されます。

比例の関係の表し方④　代金 ＝ 50 × 本数

比例の関係の表し方⑤　y ＝ 定数 × x ➡ y ＝ 50 × x

定数　きまった数のこと

比例の関係の表し方【グラフ】

比例の関係をグラフで表すことができます。
表のxとyの組合せを1つの点で表します。いくつかの点を結ぶと直線になります。

x（本）	1	2	3	4	5	6	7	8	9	10
y（円）	50	100	150	200	250	300	350	400	450	500

y ＝ 50 × x

関係式をみたすxとyの組合せをいくつか見つけます。
x=1のときy=50
それをグラフ上に点としてとります。
原点とその点を結ぶ直線をひきます。

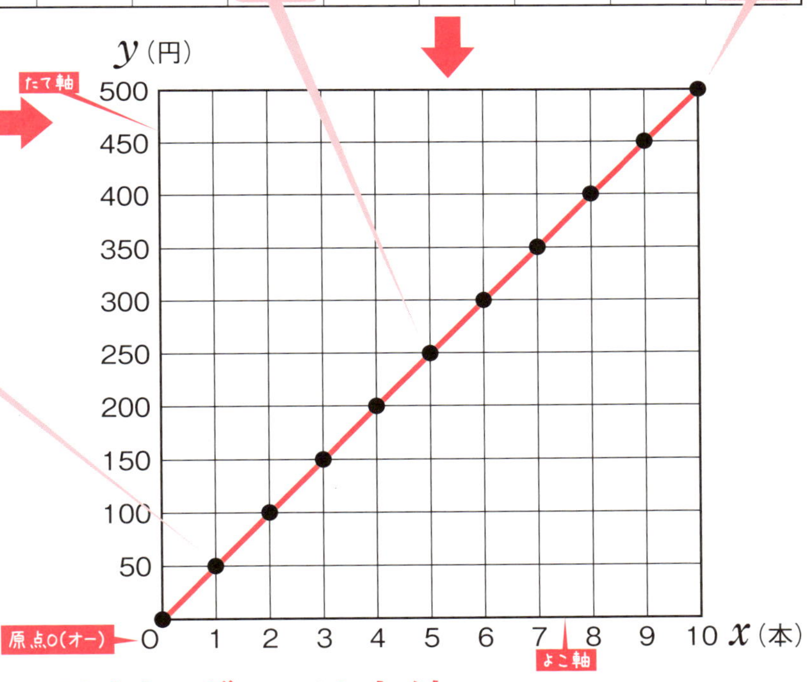

比例のグラフは直線

まとめ

① 2つの量が比例の関係にあるとき、xが2倍、3倍、…と変化すると、yも2倍、3倍、…と変化する
② yがxに比例するとき、y=定数×x
③ 比例のグラフは、原点を通る直線

第4章 数量関係　4-3 比例と反比例

①比例

日付　　月　　日（　）

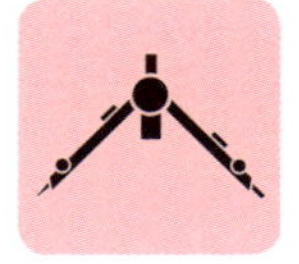

復習ドリル

タイム　　分　　秒

合計　　/100点

基本問題　（目標3分/各10点）

表を完成させましょう。

1　1000円で買い物をするときの代金とおつり

代金 x（円）	100	200	300	400	500
おつり y（円）	900				

2　周の長さが10cmの長方形のたてとよこの長さ

たて x（cm）	1	2	3	4
よこ y（cm）	4			

3　100g300円の牛肉の量と代金

量 x（g）	100	200	300	400	500
代金 y（円）	300				

4　1～3の表のxとyについて、yがxに比例しているのはどれでしょう。

次の表のxとyについて、yはxに比例しています。表の空いているところをうめましょう。

5

x	5	6	7	8	9	
y	15					30

6

x	0		2	3	4	
y		10		30		50

応用問題 （目標2分/各10点）

1 次の㋐から㋒のうち、yがxに比例しているのはどれでしょう。

㋐ たて$x$cm、よこ10cmの長方形の面積$y$cm^2

㋑ 時速100kmの自動車の走った時間x時間と走った道のり$y$km

㋒ 西暦x年のときの平成y年

yはxに比例しているとき、次の問いに答えましょう。

2 xが2のときyは6です。yをxの式で表しましょう。

3 xが6のときyは3です。xが10のとき、yの値はいくつでしょう。

4 xが10のときyは7です。yが70のとき、xの値はいくつでしょう。

解　答

基本問題

1

代金 x（円）	100	200	300	400	500
おつり y（円）	900	**800**	**700**	**600**	**500**

2

たて x（cm）	1	2	3	4
よこy（cm）	4	**3**	**2**	**1**

3

量 x（g）	100	200	300	400	500
代金 y（円）	300	**600**	**900**	**1200**	**1500**

4 3

5

x	5	6	7	8	9	**10**
y	15	**18**	**21**	**24**	**27**	30

6

x	0	**1**	2	3	4	**5**
y	**0**	10	**20**	30	**40**	50

応用問題

1 ㋐と㋑

2 $y=3\times x$

3 $y=\frac{1}{2}\times x$ なので $y=\frac{1}{2}\times 10=5$ 答 $y=5$

4 $y=\frac{7}{10}\times x$ なので $70=\frac{7}{10}\times x$　$x=70\div\frac{7}{10}=100$ 答 $x=100$

第4章 数量関係 4-3 比例と反比例

第4章
数量関係

4-3
比例と反比例

②反比例

長方形の面積が変わらないときのたてとよこの関係

長方形の面積＝12cm^2 ➡ たての長さ$x$cmとよこの長さ$y$cmは反比例の関係

yはxに反比例する

y ＝ 定数 ÷ x

反比例の関係の表し方【表】

長方形の面積が 12cm^2 で一定であるとき、たての長さとよこの長さは反比例の関係になります。これを表で表すと次のようになります。上段にたての長さ（cm）、下段によこの長さ（cm）を書きます。

長方形の面積が12cm^{2}であるときの、たての長さとよこの長さの関係

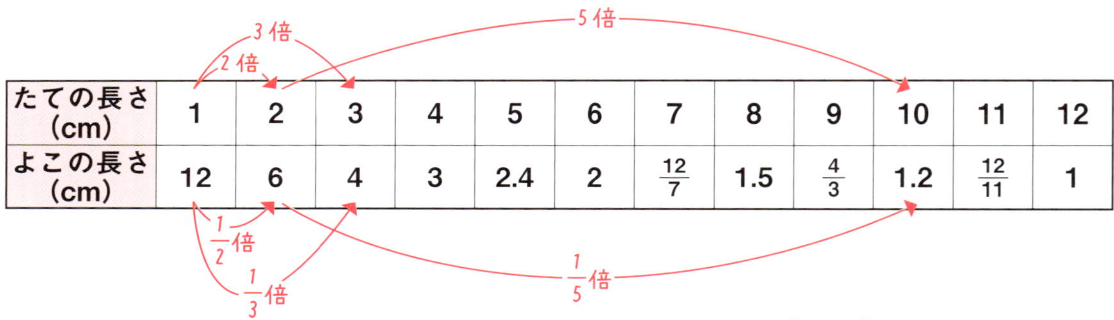

たての長さ (cm)	1	2	3	4	5	6	7	8	9	10	11	12
よこの長さ (cm)	12	6	4	3	2.4	2	$\frac{12}{7}$	1.5	$\frac{4}{3}$	1.2	$\frac{12}{11}$	1

たての長さが2倍、3倍、…になると、それにともない、よこの長さは$\frac{1}{2}$倍、$\frac{1}{3}$倍、…になります。

反比例の関係の表し方【文章】

反比例の関係の表し方がいくつかあります。「反比例する」「反比例の関係」のちがいです。

反比例の関係の表し方① （　）と（　）は反比例の関係にある

➡（たての長さ）と（よこの長さ）は反比例の関係にある

反比例の関係の表し方② （　）は（　）に反比例する

➡（よこの長さ）は（たての長さ）に反比例する

反比例の関係の表し方③ （　）と（　）は反比例する

➡（よこの長さ）と（たての長さ） は反比例する

反比例の関係の表し方【数式】

反比例の関係を式で表すには、ことばの式で表せますが2つの変化する量をxとyといった文字で表します。長方形の面積が12cm^{2}で一定のとき、たての長さを$x$cm、よこの長さを$y$cmとすると、xとyは次のように表されます。

反比例の関係の表し方④ よこの長さ ＝ 12 ÷ たての長さ

反比例の関係の表し方⑤ y ＝ 定数 ÷ x ➡ $y = 12 \div x$

定数 きまった数のこと

反比例の関係の表し方【グラフ】

反比例の関係をグラフで表すことができます。
表のxとyの組合せを1つの点で表します。いくつかの点を結ぶと曲線になります。

x（cm）	1	2	3	4	5	6	7	8	9	10	11	12
y（cm）	12	6	4	3	2.4	2	$\frac{12}{7}$	1.5	$\frac{4}{3}$	1.2	$\frac{12}{11}$	1

$y = 12 \div x$

関係式をみたすxとyの組合せをいくつか見つけます。
x=1のときy=12
x=2のときy=6
x=3のときy=4
x=4のときy=3
それをグラフ上に点としてとります。それらの点を結ぶなめらかな曲線をかきます。

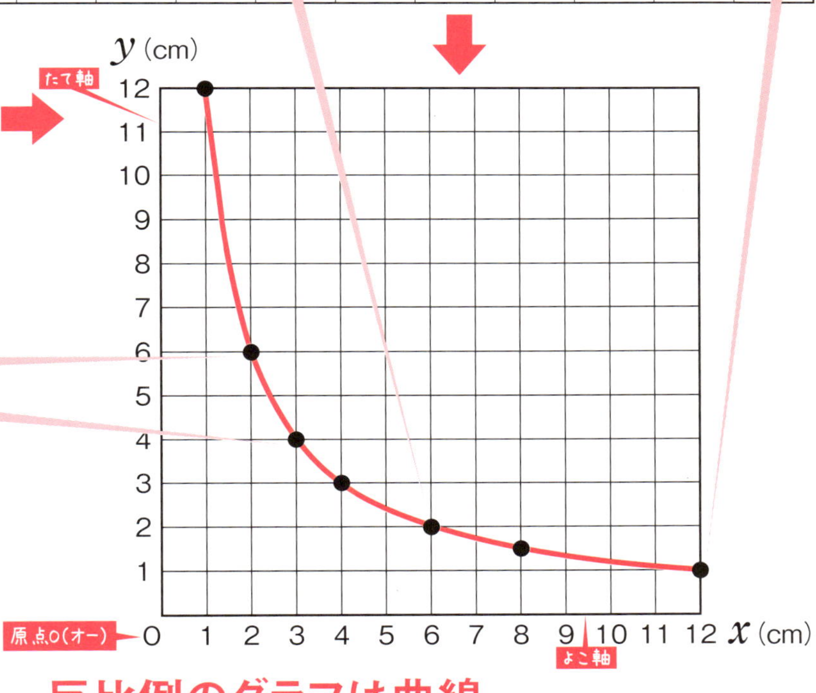

反比例のグラフは曲線

まとめ

① 2つの数量が反比例の関係にあるとき、xが2倍、3倍、…と変化すると、yは$\frac{1}{2}$倍、$\frac{1}{3}$倍、…と変化する
② yがxに反比例するとき、y=定数÷x
③ 反比例のグラフは、曲線

②反比例

日付　　月　　日(　)

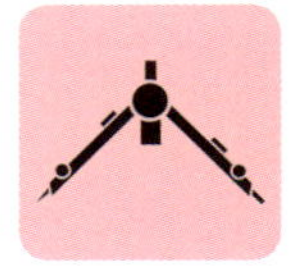

復習ドリル

タイム　　分　　秒

合計　　/100点

基本問題　(目標3分/各10点)

表を完成させましょう。

1 三角形の面積が100㎠のときの底辺$x$cmと高さ$y$cm

底辺 x (cm)	10	20	30	40	50
高さ y (cm)	20				

2 底辺の長さが10cmの三角形の高さ$x$cmと面積$y$cm^2

高さ x (cm)	1	2	3	4	5
面積 y (cm^2)	5				

3 1000kmの道のりを走る自動車の時速$x$kmと走った時間y時間

時速 x (km)	10	50	100	150	200
時間 y (時間)	100				

4 1～3の3つの表のxとyについて、xとyが反比例しているのはどれでしょう。

次の表のxとyについて、yはxに反比例しています。表の空いているところをうめましょう。

5

x	1		3		6	
y	12	6		3	2	1

6

x	2	4		16		64
y		16	8		2	

応用問題 （目標2分/各10点）

1 次の㋐から㋒のうち、yがxに反比例しているのはどれでしょう。

㋐ 面積100cm^2の長方形のたて$x$cm、よこ$y$cm

㋑ 時速100kmの自動車の走った時間x時間と走った道のり$y$km

㋒ 面積100cm^2の平行四辺形の底辺が$x$cm、高さ$y$cm

yはxに反比例しているとき、次の問いに答えましょう。

2 xが2のときyは6です。yをxの式で表しましょう。

3 xが6のときyは3です。xが2のとき、yの値はいくつでしょう。

4 xが10のときyは7です。yが70のとき、xの値はいくつでしょう。

解　答

基本問題

1

底辺 x（cm）	10	20	30	40	50
高さ y（cm）	20	**10**	$\frac{20}{3}$	**5**	**4**

2

高さ x（cm）	1	2	3	4	5
面積 y（cm^2）	5	**10**	**15**	**20**	**25**

3

時速 x（km）	10	50	100	150	200
時間 y（時間）	100	20	10	$\frac{20}{3}$	5

4 1と3

5

x	1	**2**	3	**4**	6	**12**
y	12	6	**4**	3	2	1

6

x	2	4	**8**	16	**32**	64
y	**32**	16	8	**4**	2	**1**

応用問題

1 ㋐と㋒

2 $y=12\div x$

3 $y=18\div x$ なので $y=18\div2=9$ 答 $y=9$

4 $y=70\div x$ なので $70=70\div x$　$x=70\div70=1$ 答 $x=1$

第4章
数量関係

4-4
場合の数

①並べ方

場合の数は2種類、「並べ方」と「組合せ」

並べ方は順番が大事
樹形図をかいて調べる

並べ方は何通り

カードの並べ方、電話番号やナンバープレートの番号などの数字の並べ方、メダルを投げたときのおもてとうらの出方など、身のまわりにはたくさんの並べ方が見つかります。次のように「並べ方」「並び方」「目の出方」と「何通り」という言葉を使った問題文があります。

並べ方は、全部で何通りありますか
並び方は、全部で何通りありますか
全部で何通りの並び方がありますか
目の出方は、全部で何通りありますか

並べ方の問題①　カードの並べ方の問題

A、B、Cの3枚のカードを並べるとき、並べ方は全部で何通りありますか。

次のような図（樹形図）をかいて考えます。樹木が枝分かれしているように見えるので樹形図といいます。場合の数の問題では、もれや重なりがないようにすることが大切です。樹形図をかくことでそれらのミスをふせぐことができます。

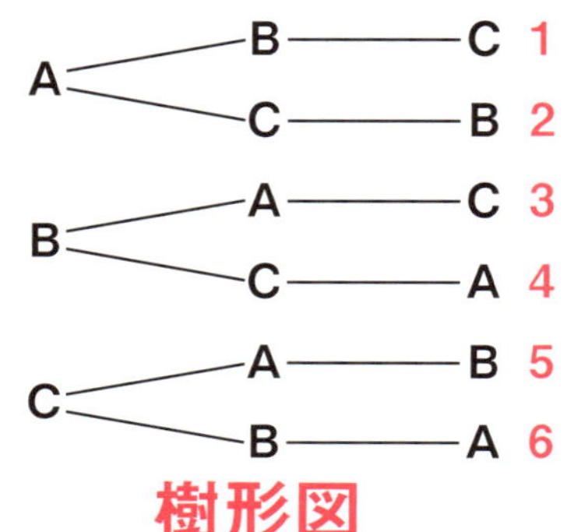

樹形図

並べ方は
ABC、ACB、BAC、BCA、CAB、CBAの6通りであることがわかります。

答 6通り

並べ方の問題② メダルのおもて・うら

メダルを3回投げます。このとき、おもてとうらの出方は全部で何通りありますか。

メダルのおもてを○、うらを●として樹形図をかいて考えます。
1回目はおもて○とうら●から樹形図をかいていきます。

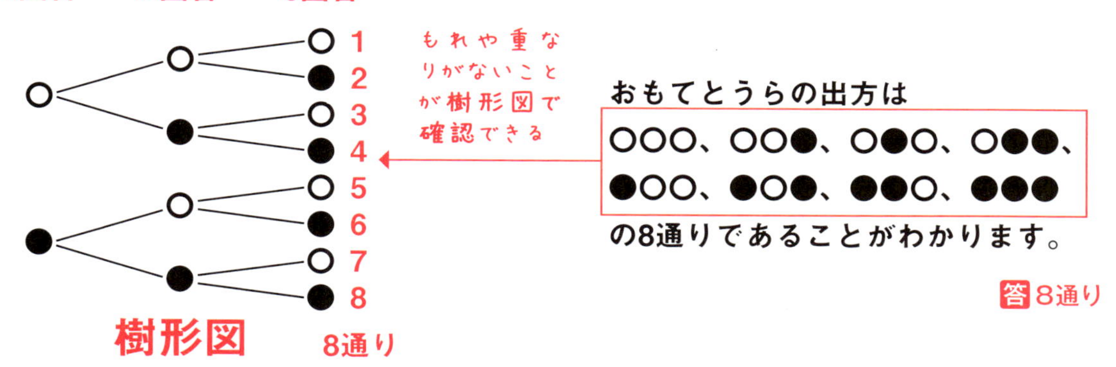

おもてとうらの出方は
○○○、○○●、○●○、○●●、
●○○、●○●、●●○、●●●
の8通りであることがわかります。

答 8通り

並べ方の問題③ 数字カードを並べる問題

4枚の数字カード1、2、3、4を並べて4桁の数をつくります。4桁の数は全部で何通りできますか。

数字カード1、2、3、4の樹形図をかいて考えます。
千の位に1をおくときの樹形図をかいてみます。

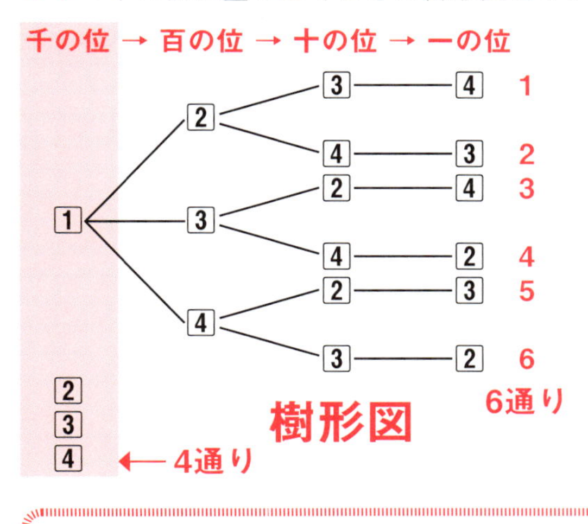

樹形図から千の位に1をおく並べ方は6通りあることがわかります。

同じように、千の位に2、3、4をおくときもそれぞれ6通りずつあります。

したがって、全部で6×4＝24(通り)できます。

答 24通り

まとめ

① 樹形図をかいて、もれや重なりがないことを確認しながら並べ方を数える
② 樹形図では、まず一番左(1回目や千の位)におけるものを考える

 日付　　月　　日(　)

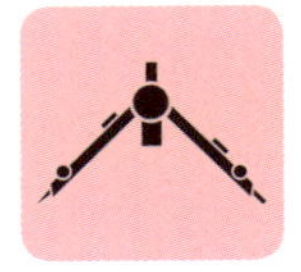

復習ドリル

タイム　　分　　秒　　合計　　/100点

基本問題 （目標3分/各10点）

1 A、B、Cの3人が横1列に並びます。並び方をすべて書きましょう。

2 3枚の数字カード1、3、5のうち2枚を使って、2桁の数をつくります。できる2桁の数を全部書きましょう。

3 A、B、Cの3つの電球があります。電球のつけ方は全部で何通りありますか。ただし、必ずどれか1つはつけるとします。

4 4枚の数字カード2、4、6、8のうち2枚を使って、2桁の数をつくります。できる2桁の数を全部書きましょう。

5 4色のペンキを使って、右の図のようなはたに色をぬるとき、ぬり方は全部で何通りありますか。

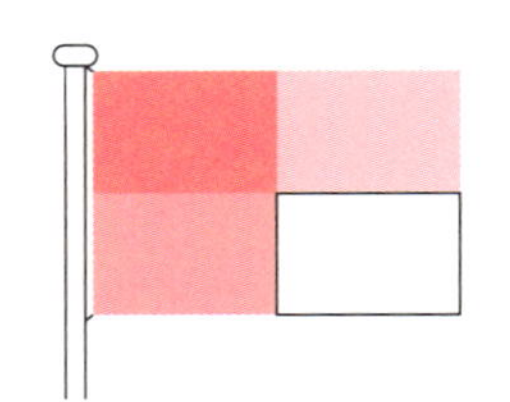

6 メダルを4回投げます。このとき、おもてとうらの出方は全部で何通りありますか。

応用問題 （目標2分/各10点）

1 4枚の数字カード1、2、3、4を並べて4桁の偶数をつくります。偶数は全部で何通りできますか。

2 4枚の数字カード1、2、3、4を並べて4桁の整数をつくります。4000より大きい整数は何通りできますか。

3 4枚の数字カード0、1、2、3を並べて4桁の整数をつくります。整数は全部で何通りできますか。

4 A、B、C、D、Eの5人が100m走をしました。順位の結果は全部で何通りありますか。ただし、同着はないとします。

解　答

基本問題

1 ABC、ACB、BAC、BCA、CAB、CBA

2 13、15、31、35、51、53

3 7通り

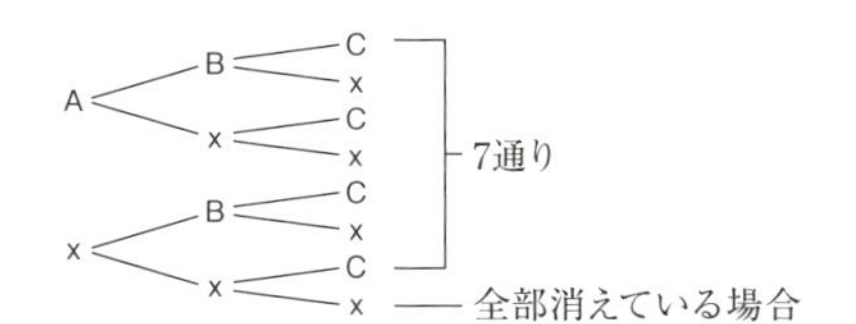

4 24、26、28、42、46、48、62、64、68、82、84、86

5 24通り

6 16通り

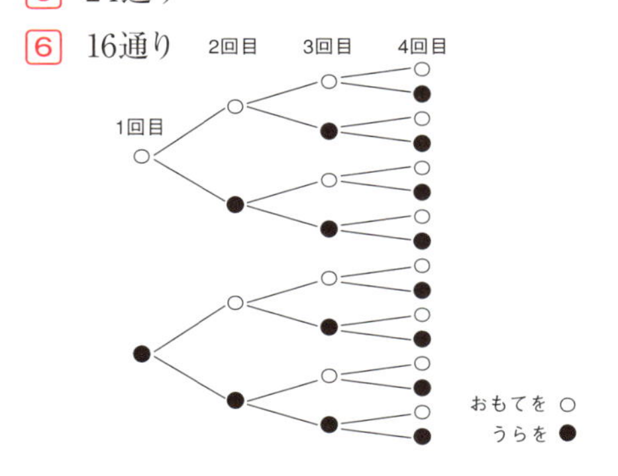

応用問題

1 一の位が2か4のとき、偶数になる。
一の位は2か4の2通り、十の位は残りの3通り、百の位は残りは2通り、千の位は残りの1通り。したがって全部で2×3×2×1=12 **答 12通り**

2 千の位が4のとき、百の位以下1、2、3の並べ方は6通り。 **答 6通り**

3 千の位は1、2、3の3通り、百の位以下3けたの並べ方は6通り。よって、3×6=18 **答 18通り**

4 1位がAの場合、残りの4人の並び方は樹形図をかくと24通り。
1位がB、C、D、Eのときも24通りずつあるので、24×5=120 **答 120通り**

第4章
数量関係

4-4
場合の数

②組合せ

順番を考えないのが組合せ

組合せは並べ方とちがい順番を考えません

組合せは何通り

4つの中から3つ選ぶ選び方、4チームの総当たり戦の試合数などは組合せの例です。次のように「組合せ」の他に「選び方」「試合」と「何通り」という言葉を使った問題文があります。

組合せは全部で何通りありますか
全部で何通りの組合せがありますか
選び方は全部で何通りありますか
試合は全部で何通りありますか

組合せの問題①　4種類のものから3種類を選ぶ問題

りんご、みかん、ぶどう、いちごの4種類の果物があります。
この中から3種類の果物を選ぶ選び方は全部で何通りありますか。

表で考える方法

	りんご	みかん	ぶどう	いちご	
組合せ1	○	○	○	×	→ りんご、みかん、ぶどうの組合せ
組合せ2	○	○	×	○	→ りんご、みかん、いちごの組合せ
組合せ3	○	×	○	○	→ りんご、ぶどう、いちごの組合せ
組合せ4	×	○	○	○	→ みかん、ぶどう、いちごの組合せ

表から、選び方は4通りあることがわかります。

→逆に、選ばないものの選び方を考えると簡単に求められます→4通り

答 4通り

組合せの問題② 6人から5人選ぶ問題

6人の中から5人を選びます。その選び方は全部で何通りありますか。

問題①よりも数が大きいので表をつくるのも大変になります。
そこで、逆に選ばれない１人に目をつけてみます。

6人から5人を選ぶ選び方
||
6人から1人を選ばない選び方

6人　Aさん、Bさん、Cさん、Dさん、Eさん、Fさん

Aさんを選ばない選び方
Bさんを選ばない選び方
Cさんを選ばない選び方
Dさんを選ばない選び方
Eさんを選ばない選び方
Fさんを選ばない選び方

6通り

答 6通り

組合せの問題③ 4チームの総当たり戦の試合数

A、B、C、Dの4チームが総当たり戦で競います。
どのチームもちがったチームと1回ずつ試合をすると、試合数は全部で何通りありますか。

対戦表

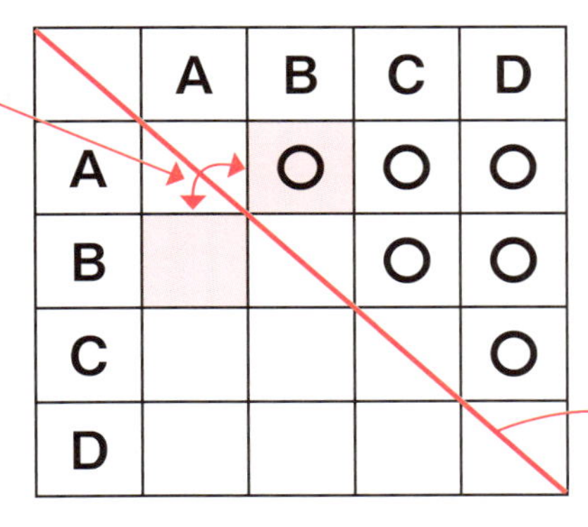

○を数えて
6通り

答 6通り

まとめ

① 順番を考えないのが組合せ
② 表に表して考える
③ 選ぶ選び方は、逆に選ばれないものの選び方を考えると簡単に求められる

②組合せ

日付　　月　　日(　)

復習ドリル

タイム　　分　　秒

合計　　/100点

基本問題　(目標3分/各10点)

1　A、B、Cの3チームが総当たり戦で競います。
どのチームもちがったチームと1回ずつ試合をします。試合の組合せをすべて書いてみましょう。

2　大小2個のサイコロを同時に投げたとき、2つのサイコロの目の和が6になる目の組合せを書いてみましょう。

3　赤・青・黄・緑の4色のペンキから2色を選んではたに色をぬります。色の選び方をすべて書いてみましょう。

4　A、B、C、D、Eの5チームが総当たり戦で競います。どのチームもちがったチームと1回ずつ試合をします。試合の組合せをすべて書いてみましょう。

5　赤・青・黄・緑の4色のペンキから3色を選んではたに色をぬります。色の選び方をすべて書いてみましょう。

6　A、B、C、D、Eの5チームから3チームを選びます。組合せをすべて書いてみましょう。

応用問題　（目標2分/各10点）

1 赤・青・黄・緑の4種類の玉がそれぞれ2個ずつ、合計8個入ったふくろから2個とりだします。選び方の組合せを書いてみましょう。

2 一円玉、五円玉、十円玉の3種類のお金がそれぞれ1枚ずつ、合計3枚あります。そのうちの2枚を組合せてできる金額をすべて書いてみましょう。

3 3g、5g、7gの3種類のおもりがそれぞれ1個ずつ、合計3個あります。1個以上を使ってはかることができる重さは全部で何通りありますか。

4 五角形の対角線は、全部で何本ひくことができますか。

解　答

基本問題

1 A-B、A-C、B-C

2 大の目－小の目とすると、1-5、2-4、3-3、4-2、5-1

3 赤-青、赤-黄、赤-緑、青-黄、青-緑、黄-緑

4 A-B、A-C、A-D、A-E、B-C、B-D、B-E、C-D、C-E、D-E

5 使わない1色の選び方を考えると4通り
（赤）青-黄-緑、（青）赤-黄-緑、（黄）赤-青-緑、（緑）赤-青-黄

6 ABC、ABD、ABE、ACD、ACE、ADE、BCD、BCE、BDE、CDE

応用問題

1 赤-赤、赤-青、赤-黄、赤-緑、青-青、青-黄、青-緑、黄-黄、黄-緑、緑-緑

2 6円、11円、15円

3 3g、5g、7g、8g（3g+5g）、10g（3g+7g）、12g（5g+7g）、15g（3g+5g+7g）の7通り。
答 7通り

4 1つの頂点からひくことができる対角線は、その頂点自身と両どなりの3点をのぞいた2点との間を結ぶので2本ひくことができる。5つの頂点に対してそれぞれ2本ずつひけるから5×2=10（本）ひけるが、同じ対角線を2回数えているので、2でわって5本。　答 5本

日付　月　日(　)

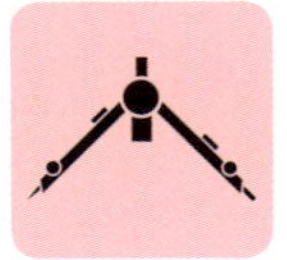

まとめテスト①

タイム　分　秒

合計　/100点

(目標5分/各20点)

1

$$\begin{array}{r} 358 \\ +\ 879 \\ \hline \end{array}$$

2

$$\begin{array}{r} 98 \\ \times\ 67 \\ \hline \end{array}$$

3

$$12\overline{)\,809}$$

4

$$10.67 \times 23.79$$

5 商を一の位まで求め、余りも出してください。

$$34.607 \div 3.14$$

日付　　月　　日（　）

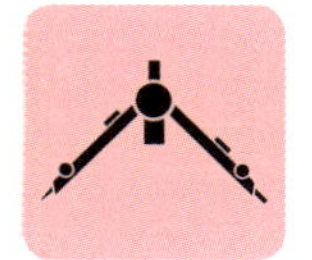

まとめテスト②

タイム　　分　　秒

合計　　/100点

（目標5分/各20点）

1 1926は9の倍数ですか。

2 計算しましょう。

$$\frac{5}{3}-\frac{3}{4}+\frac{5}{12}\div\frac{15}{16}$$

3 56498と54890をそれぞれ四捨五入して千の位までのがい数にして和を求めましょう。

4 7日間の入場者数から1日の平均入場者数を求めましょう。

月曜日	火曜日	水曜日	木曜日	金曜日	土曜日	日曜日
115人	105人	120人	102人	100人	118人	124人

5 燃費のいい車はどちらでしょうか。

A車　レギュラーガソリン満タン60Lで800km走る。

B車　レギュラーガソリン満タン50Lで700km走る。

まとめテスト③

タイム　分　秒　　合計　/100点

(目標5分/各20点)

1 10.5Lは何cm^3ですか。

2 1周1050mの池の周りを兄と弟が同じ地点から同時に反対方向に出発してこの池をまわります。兄は分速100m、弟は分速50mの速さで進むとき、2人が出会うのは出発して何分後でしょうか。

3 川の流れの速さは時速2kmです。120km離れた上流と下流の２つの村から同時にお互いの村に向けて船を出発させました。船の静水時の速さはともに時速6kmです。2艘の船は何時間後に出会うでしょうか。

4 面積を求めましょう。

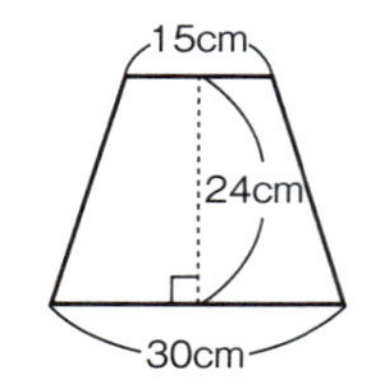

5 面積を求めましょう。

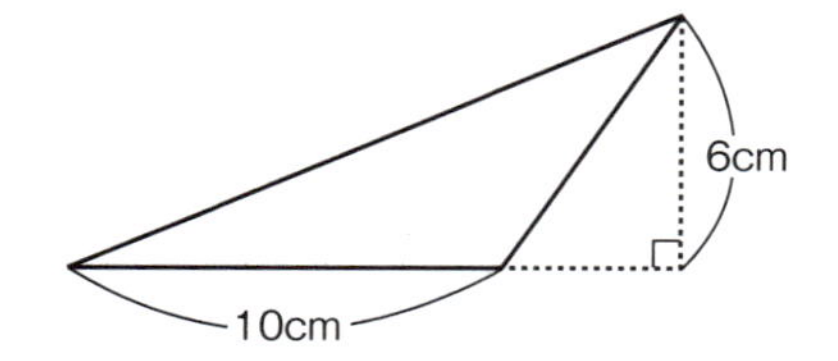

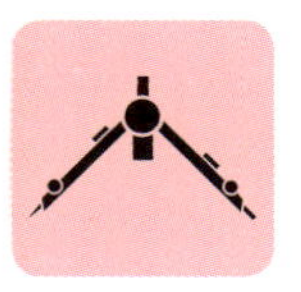

まとめテスト④

タイム　分　秒　合計　/100点

（目標5分/各20点）

1 円周の長さと円の面積を求めましょう。円周率は3.14とします。

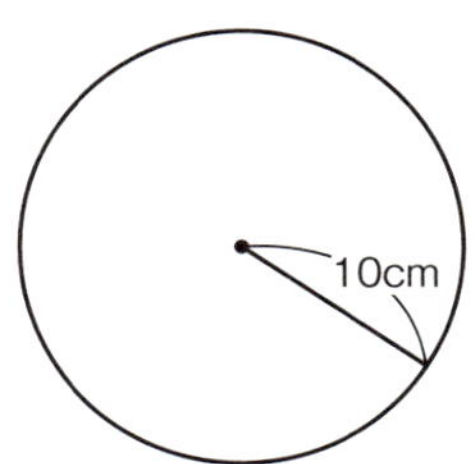

2 おうぎ形の弧の長さと面積を求めましょう。円周率は3.14とします。

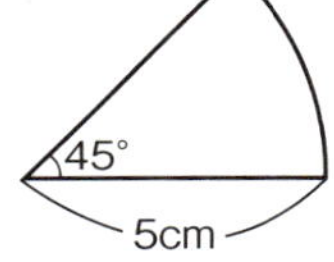

3 次のマークのうち線対称であって、点対称でもあるものはどれでしょうか。

㋐

京都府

㋑

埼玉県

㋒

島根県

4 縮尺が50000分の1の地図があります。実際の道のりが5kmのところは、地図上では何cmですか。

5 角柱の体積を求めましょう。

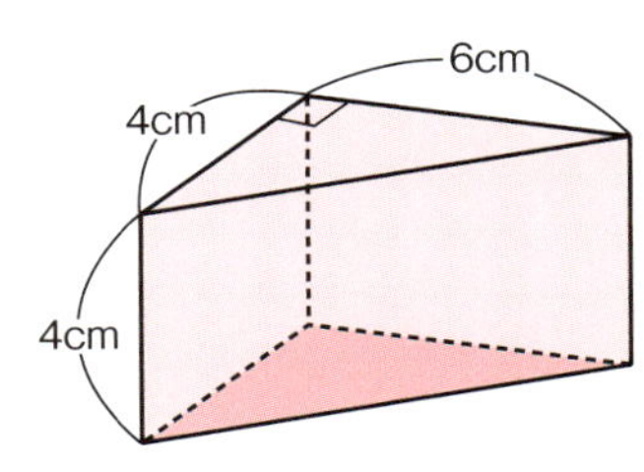

日付　月　日(　)

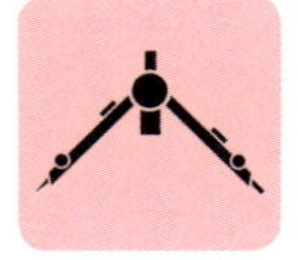

まとめテスト⑤

タイム　分　秒

合計　/100点

(目標5分/各20点)

1 円すいの体積を求めましょう。円周率は3.14とします。

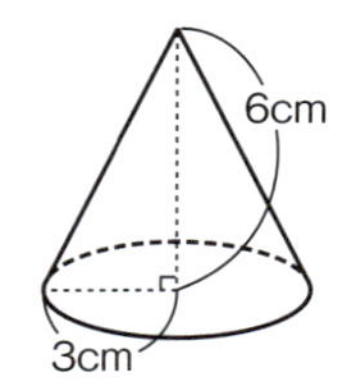

2 図の立体の体積を求めましょう。

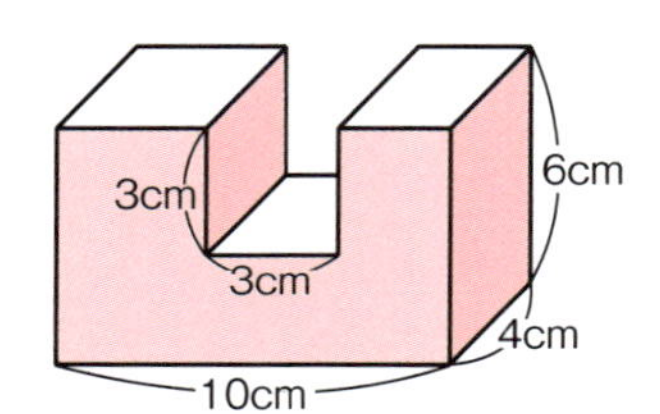

3 展開図から組み立てられる立体の体積を求めましょう。

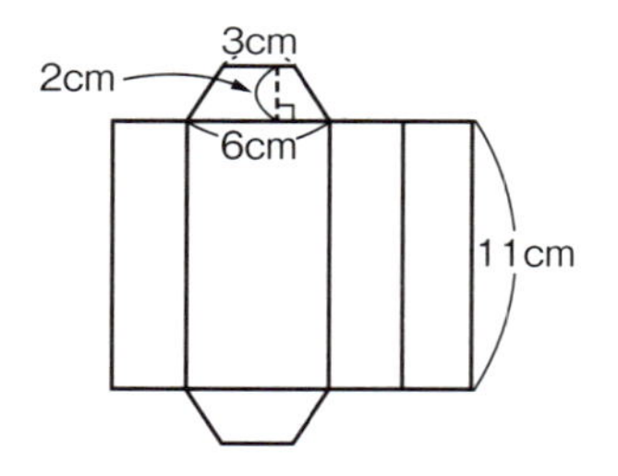

4 384人は1200人の何%ですか。

5 次の比を簡単にしましょう。

$$\frac{10}{3} : \frac{5}{4}$$

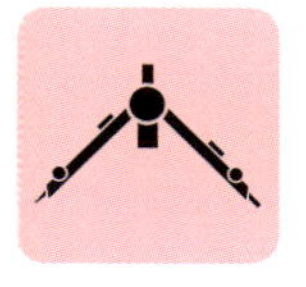

まとめテスト⑥

タイム　分　秒

合計　/100点

(目標5分/各20点)

1　xの値を求めましょう。

$$2:7=8:x$$

2　yはxに比例しています。xが3のときyは6です。xが5のとき、yの値はいくつでしょう。

3　yはxに反比例しています。xが5のときyは3です。xが3のとき、yの値はいくつでしょう。

4　たかし、さとし、あきら、かずやの４人が、給食係、飼育係、図書係、体育係のどれかになります。それぞれの係の選び方は全部で何通りありますか。

5　5人の中から4人を選びます。その選び方は全部で何通りありますか。

まとめテスト　解　答

まとめテスト①

1 1237

2 6566

3 67余り5

4 253.8393

5 11余り0.067

まとめテスト②

1 1+9+2+6=18（18は9の倍数）→1926は9の倍数

2 $\frac{5}{3}-\frac{3}{4}+\frac{5}{12}\div\frac{15}{16}=\frac{20-19}{12}+\frac{5}{12}\times\frac{16}{15}=\frac{11}{12}+\frac{4}{9}=\frac{33}{36}+\frac{16}{36}=\frac{49}{36}=1\frac{13}{36}$

3 56000+55000=111000　答 111000

4 仮平均を100とすると、差の合計は　15+5+20+2+0+18+24=84

84÷7=12　100+12=112　答 112人

5 A車の燃費=800÷60=13.3……　B車の燃費=700÷50=14

答 B車の方が燃費がいい

まとめテスト③

1 10500cm^3

2 兄と弟は1分間に100+50=150（m）近づきます。

1050÷150=7　答 兄と弟は7分後に出会う

3 2艘の船が1時間に進む距離は（6+2）+（6-2）=12（km）です。120÷12=10

答 10時間後

4 (15+30)×24÷2=540　答 540cm^2

5 10×6÷2=30　答 30cm^2

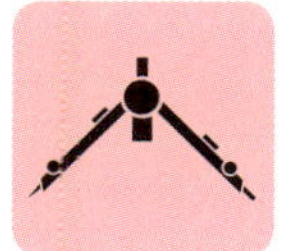

まとめテスト　解　答

まとめテスト④

1 $10 \times 2 \times 3.14 = 62.8$　$10 \times 10 \times 3.14 = 314$　答 円周の長さ　62.8cm、面積　314cm²

2 $5 \times 2 \times 3.14 \times \frac{45}{360} = 3.925$　$5 \times 5 \times 3.14 \times \frac{45}{360} = 9.8125$
答 弧の長さ　3.925cm、面積　9.8125cm²

3 ㋐

4 $500000 \div 50000 = 10$　答 10cm

5 $4 \times 6 \div 2 \times 4 = 48$　答 48cm³

まとめテスト⑤

1 $3 \times 3 \times 3.14 \times 6 \times \frac{1}{3} = 56.52$　答 56.52cm³

2 $4 \times 10 \times 6 - 4 \times 3 \times 3 = 204$　答 204cm³

3 $(3+6) \times 2 \div 2 \times 11 = 99$　答 99cm³

4 $384 \div 1200 = 0.32$　答 32%

5 $\frac{10}{3} : \frac{5}{4} = \left(\frac{10}{3} \times 12\right) : \left(\frac{5}{4} \times 12\right) = 40 : 15 = 8 : 3$　答 8：3

まとめテスト⑥

1 $2 \times x = 7 \times 8$　$x = 56 \div 2 = 28$　答 $x=28$

2 $y = 2 \times x$　$x=5$のとき、$y = 2 \times 5 = 10$　答 $y=10$

3 $y = 15 \div x$　$x=3$のとき、$y = 15 \div 3 = 5$　答 $y=5$

4 樹形図をかいて、並べ方を考える。　答 24通り

5 5人の中から4人選ぶ選び方は、選ばれない1人の選び方と等しい。　答 5通り

桜井 進（さくらい すすむ）

1968年、山形県生まれ。サイエンスナビゲーター®。東京理科大学大学院非常勤講師。東京工業大学理学部数学科卒業、同大学大学院社会理工学研究科博士課程中退。株式会社 sakurAi Science Factory 代表取締役。在学中から予備校講師として教壇に立ち、数学や物理を楽しくわかりやすく生徒に伝える。2000年にサイエンスナビゲーター®を名乗り、数学の歴史や数学者の人間ドラマを通して、数学の驚きと感動を伝える講演活動をスタート。東京工業大学世界文明センターフェローを経て、現在に至る。小学生からお年寄りまで、誰でも楽しめて体験できるエキサイティング・ライブショーは、見る人の世界観を変えると好評。数学エンターテイメントは日本全国で反響を呼び、テレビ出演や、新聞、雑誌などに掲載され話題となる。著書に『感動する！数学』「面白くて眠れなくなる数学」シリーズ（ともにPHP研究所）、「わくわく数の世界の大冒険」シリーズ（日本図書センター）、『オトナのための算数・数学やりなおしドリル』（宝島社）など50冊以上。

※サイエンスナビゲーターは、株式会社 sakurAi Science Factory の登録商標です

STAFF

編集協力……………………株式会社ジー・ビー
坂尾昌昭、小芝俊亮、小林龍一、北村耕太郎
デザイン……………………山口喜秀（G.B. Design House）
イラスト……………………竹中
DTP……………………ハタ・メディア工房 株式会社

1日5分！ オトナのためのやりなおし算数ドリル

2018年5月30日　第1刷発行

著者　　桜井 進

発行人　　蓮見清一
発行所　　株式会社 宝島社
〒102-8388
東京都千代田区一番町25番地
電話　営業 03-3234-4621
　　　編集 03-3239-0928
http://tkj.jp

印刷・製本　　株式会社廣済堂

Printed in JAPAN
ISBN 978-4-8002-8346-7